U0163733

"十四五"时期国家重点出版物出版专项规划项目

国家科学技术学术著作出版基金资助出版

新一代人工智能理论、技术及应用丛书

视频处理与分析

黄凯奇　陈晓棠　赵　鑫　著

科学出版社

北　京

内 容 简 介

本书对视频处理与分析领域的理论基础、关键技术和评估应用进行系统而深入的介绍。全书分为 8 章，首先对视频处理与分析的基本概念和相关视觉认知基本理论进行介绍，然后对视频处理中的目标识别和分类、目标检测、目标分割、目标跟踪、视频语义理解等核心视觉任务及其关键技术方法进行梳理和总结，并对视频分析应用情况进行介绍。本书聚焦领域研究核心问题，以技术发展为主线，侧重理论方法与实际应用的有机结合，力求使读者能快速掌握和应用视频处理与分析的理论、方法和技术。

本书可作为模式识别与智能系统、计算机科学与技术、控制科学与工程等相关学科领域科研工作者、工程技术人员的参考书，也可以作为相关专业研究生和高年级本科生的教学用书。

图书在版编目（CIP）数据

视频处理与分析 / 黄凯奇，陈晓棠，赵鑫著. —北京：科学出版社，2024.1

（新一代人工智能理论、技术及应用丛书）

"十四五"时期国家重点出版物出版专项规划项目

ISBN 978-7-03-077944-1

Ⅰ．①视…　Ⅱ．①黄…　②陈…③赵…　Ⅲ．①数字视频系统　Ⅳ．①TN941.3

中国国家版本馆 CIP 数据核字（2024）第 019158 号

责任编辑：孙伯元 / 责任校对：崔向琳
责任印制：吴兆东 / 封面设计：陈　敬

科学出版社 出版

北京东黄城根北街 16 号
邮政编码：100717
http://www.sciencep.com

北京中科印刷有限公司印刷

科学出版社发行　各地新华书店经销

*

2024 年 1 月第 一 版　开本：720×1000　1/16
2025 年 1 月第二次印刷　印张：12 3/4
字数：257 000

定价：**128.00 元**

（如有印装质量问题，我社负责调换）

"新一代人工智能理论、技术及应用丛书"序

科学技术发展的历史就是一部不断模拟和扩展人类能力的历史。按照人类能力复杂的程度和科技发展成熟的程度,科学技术最早聚焦于模拟和扩展人类的体质能力,这就是从古代就启动的材料科学技术。在此基础上,模拟和扩展人类的体力能力是近代才蓬勃兴起的能量科学技术。有了上述的成就做基础,科学技术便进展到模拟和扩展人类的智力能力。这便是 20 世纪中叶迅速崛起的现代信息科学技术,包括它的高端产物——智能科学技术。

人工智能,是以自然智能(特别是人类智能)为原型、以扩展人类的智能为目的、以相关的现代科学技术为手段而发展起来的一门科学技术。这是有史以来科学技术最高级、最复杂、最精彩、最有意义的篇章。人工智能对于人类进步和人类社会发展的重要性,已是不言而喻。

有鉴于此,世界各主要国家都高度重视人工智能的发展,纷纷把发展人工智能作为战略国策。越来越多的国家也在陆续跟进。可以预料,人工智能的发展和应用必将成为推动世界发展和改变世界面貌的世纪大潮。

我国的人工智能研究与应用,已经获得可喜的发展与长足的进步:涌现了一批具有世界水平的理论研究成果,造就了一批朝气蓬勃的龙头企业,培育了大批富有创新意识和创新能力的人才,实现了越来越多的实际应用,为公众提供了越来越好、越来越多的人工智能惠益。我国的人工智能事业正在开足马力,向世界强国的目标努力奋进。

"新一代人工智能理论、技术及应用丛书"是科学出版社在长期跟踪我国科技发展前沿、广泛征求专家意见的基础上,经过长期考察、反复论证后组织出版的。人工智能是众多学科交叉互促的结晶,因此丛书高度重视与人工智能紧密交叉的相关学科的优秀研究成果,包括脑神经科学、认知科学、信息科学、逻辑科学、数学、人文科学、人类学、社会学和相关哲学等研究成果。特别鼓励创造性的研究成果,着重出版我国的人工智能创新著作,同时介绍一些优秀的国外人工智能成果。

尤其值得注意的是,我们所处的时代是工业时代向信息时代转变的时代,也是传统科学向信息科学转变的时代,是传统科学的科学观和方法论向信息科学的科学观和方法论转变的时代。因此,丛书将以极大的热情期待与欢迎具有开创性的跨越时代的科学研究成果。

　　"新一代人工智能理论、技术及应用丛书"是一个开放的出版平台，将长期为我国人工智能的发展提供交流平台和出版服务。我们相信，这个正在朝着"两个一百年"目标奋力前进的英雄时代，必将是一个人才辈出百业繁荣的时代。

　　希望这套丛书的出版，能为我国一代又一代科技工作者不断为人工智能的发展做出引领性的积极贡献带来一些启迪和帮助。

李衍达

前　　言

视频这一媒介已经深入我们的世界，与人类的生产和生活产生了紧密联系。近年来，随着科学发展和技术进步，人类已经进入大数据时代。图像和视频数据占据大数据的90%以上，并且其数据规模还将大幅度地扩大。此外，相关研究表明，在人类感知系统获取的信息中，视觉信息占85%～90%。因此，视频处理、分析和应用的各种问题都受到广泛关注。

从应用需求来看，与其他数据形式不同，视频数据具有数据量大、结构信息复杂、语义内容抽象等特点，这也给视频处理的相关技术带来极大的挑战。视频数据的处理通常包括视频的获取、传输、存储和显示等过程。通过视频摄像头获取视频信息，为了显示高清晰度的视频，同时减少视频传输和存储等过程中消耗的代价，就需要在视频处理的过程中采取相应的技术。此外，海量视频数据的出现也给视频检索、异常报警和查询等需求带来极大的挑战。人们希望通过计算机来自动实现视频内容的分析和认知，从烦琐的工作中解放出来。这些需求是视频处理与分析需要重点关注和解决的。

从学科发展来看，视频处理与分析是计算机视觉的重要组成部分，与模式识别、机器学习、人工智能等学科发展也有密不可分的联系。视频处理与分析不仅涉及视频数据层面的处理过程，如视频编码、视频增强、视频恢复等，还包括对视频内容的理解及应用，涵盖分类、检测、跟踪、分割、行为分析等关键技术。在这些关键技术中，分类、检测、跟踪是视频内容分析的基础，可以提供视频中目标的位置、类别等信息，为高级视觉任务提供重要的判断依据。行为分析、语义理解等技术旨在突破视频数据和人类认知间的语义鸿沟，使计算机在一定程度上具备人类的认知能力和理解能力。近年来，深度学习的兴起和相关硬件能力的提升，对视频内容分析的理论和方法起到了极大的推动作用，相关算法的准确性、鲁棒性和计算效率也得到了大幅度提升。相应的，各种视频分析技术已经开始在互联网、智能监控、机器人等领域得到探索和应用。

本书对视频处理与分析研究领域的主要概念和关键技术进行介绍，内容涉及视频处理和分析中的前沿方向和研究成果。第1章为绪论。第2～4章分别对目标识别与分类、目标检测、目标分割等内容进行介绍。第5章对目标跟踪中的单摄像机单目标跟踪、多目标跟踪，以及多摄像机目标跟踪等进行介绍。第6章对视频语义理解中的行为识别、群体行为分析、异常行为检测、视频描述和视频问答等关键技术进行介绍。第 7 章为视频分析评估与评测，给出常用的数据集与评价指标，并从图灵测试给出下一步发展的思考。第 8 章对视频分析应用进行介绍。

本书是作者及团队多年教学和科研成果的梳理与总结。此外，历年来参与相关课程讲授、内容安排整理的还有张彰、程健、李乔哲等，参与本书修改的有高乃钰、胡世宇等博士生，在此一并表示感谢！

限于作者水平，书中难免存在不妥之处，恳请读者批评指正。

目　　录

第1章 绪 论

1.1 背 景 介 绍

视觉是生命体最重要的感觉之一，这是由生命进化过程决定的。大约5亿4000万年前，地球上的生命形式还非常单一，绝大部分都以单细胞的形式存在，随着寒武纪生物大爆发的出现，生命形式呈现多样化，视觉能力第一次在生物体中出现。斯蒂芬·杰·古尔德在《自达尔文以来》一书中探索寒武纪生命大爆发的原因之一就是微小的变异导致最初的"收割者"出现。英国科学家 Andrew Parker 认为，视觉感知能力使这些早期进化后的生物成为生物链中的佼佼者，推动了整个食物链的演化。

视觉感知能力的研究伴随着人类科技的进步不断深入。早期的研究集中在影像的形成、存储和传输。在春秋时期，我国就有记载"小孔成像"的实验，主要研究如何实现光学成像。随着科学技术的进步，不同时期的科学家和工程师以不同方式来保留图像和视频信息。19世纪30年代末，达盖尔成功地发明了实用摄影术。与此同时，普拉托发现，当一个物体在人的眼前消失后，该物体的形象还会在人的视网膜上滞留一段时间，这一发现被称为视觉暂留原理。受此启发，人们发明了电影技术。随后，相应的视频技术也蓬勃发展起来。1925年，贝尔德发明了电视机，用电的方法实时传送活动的视觉图像。随后，摄像机、录像机的发明与普及使视频的获取、传播与储存变得越来越容易。视频这一媒介形式逐渐走进千家万户。

视频内容分析研究涉及多个学科。20世纪80年代初，马尔(Marr)综合信息处理、心理学、神经生理学的研究成果，从信息科学的角度提出第一个较为完整的视觉计算理论框架，极大地推动了计算机视觉的发展与应用。这一理论框架的提出突破了以往仅在心理学、生理学领域对人类视觉系统的定性描述，首次将视觉系统的计算提高到数学理论水平。马尔视觉理论的出现对神经科学的发展和人工智能的研究产生了深远的影响。其核心问题是从图像结构推导外部世界的三维结构。马尔认为，视觉是一个信息处理过程，这个过程根据外部世界的图像产生对观察者有用的描述。这些描述依次由许多不同，但是都记录外界某方面特征的表达(representation)构成。图像的符号表征、处理算法，以及硬件实现构成计算理论框架的三个主要部分。

视频处理与分析早期受制于硬件处理能力，因此侧重于理论研究。近20年来，随着硬件处理能力的提升和应用需求的不断增加，视频处理与分析受到越来越多的关注。例如，2006 年模式分析、统计建模和计算学习视觉物体类别挑战赛 (Pattern Analysis，Statistical Modeling and Computational Learning，Visual Object Classes，PASCAL VOC)提出针对生活中常见的 20 种目标的分类任务。随后的 ImageNet 挑战赛提出对 1000 类目标、近 150 万张图片进行识别的任务。近年来，随着互联网技术的迅速发展和硬件能力的进一步提升，视频数据急速增长。互联网每分钟都在接收和传播各种各样的视频资源，视频监控设备的普及也产生了海量的视频数据。如何有效利用这些海量的视频数据，是视频处理和分析技术研究的主要目标。

1.2　基　本　概　念

为便于读者理解，首先介绍相关基本知识和概念。我们知道，图像是人类视觉的基础，是外界事物的客观反映，是人类认识世界和本身的源泉。视频通常可以看成图像序列。与单幅图像不同，视频是利用人眼视觉暂留原理，通过播放多幅连续的图片，使人眼产生运动的认知。

按照视频信号的采集方式，视频通常可以分为模拟视频和数字视频两种。模拟视频指视频的记录、存储和传输以连续信息的形式进行。模拟视频信号具有成本低和还原性好等优点。视频画面往往给人一种身临其境的感觉。其最大缺点是，经过长时间的存放，信号和画面的质量会大大降低，或者经过多次复制之后，画面的失真就会很明显。数字视频是以离散形式记录、存储和传输的视频。相比于模拟视频，数字视频具备便于用数字化设备编辑处理、在网络中传播、在数字存储媒体储存、适合计算机分析等特点。

像素是图像的基本单元，通常被视为图像的最小完整采样。图像分辨率是指组成图像像素密度的度量方法，一般用水平和垂直的像素数目表示。对同样大小的图像，分辨率越高就越清晰，反之越模糊。在视频中，分辨率通常用来衡量视频画面的大小和清晰度。例如，标清电视的分辨率一般要达到 720 像素 × 576 像素的标准，高清电视的分辨率一般要达到 720P(progressive)以上。与图像中的像素类似，帧是视频的基本单位。画面更新率(frame rate)是指视频格式每秒钟播放的静态帧的数量。在采用隔行扫描方式进行播放的设备中，每一帧画面都会被拆分显示，拆分后得到的残缺画面称为场。场是以水平隔线的方式保存帧的内容，在显示时先显示第一个场的交错间隔内容，然后显示第二个场填充第一个场留下的缝隙。每一个 NTSC(National Television Standards Committee，国家电视标准委员会)视频的帧大约显示 1/30s，每一场大约显示 1/60s，而逐行倒相(phase alteration line，PAL)视频的一帧显示时间是 1/25s。

　　视频处理是指通过相关技术改变视频中的信息(如像素、帧等)来提升视频的使用价值。常用的技术包括视频增强和视频压缩。视频增强指改善视频的视觉效果，例如采用一系列方法有选择地突出某些感兴趣的信息，或者抑制一些不需要的信息。常见的视频增强技术包括去雾增强、对比度增强和锐化增强等。视频压缩技术通常指通过编码技术，对视频格式进行转换，缩减视频大小，以便存储和传输。这是因为视频数字化后的数据量是相当大的，不利于存储和传输。视频图像数据有很强的相关性，也就是说有大量的冗余信息。冗余信息可分为空域冗余信息和时域冗余信息。视频压缩技术是将数据中的冗余信息去掉，实现对视频的有效编码。

　　视频处理技术可以有效提升视频的使用价值，但是对于视频内容的理解仍需要人工进行。随着社会的发展和技术的进步，视频数据大量出现在我们的生活中。视频处理技术可以有效提升视频的质量，实现视频的有效压缩，加快视频的传输速度。但是，它无法实现对视频内容的有效理解。因此，当需要对视频内容进行分析时，往往会耗费大量的人力和时间。例如，网站需要对上传的视频内容进行人工审核，为缺乏足够描述信息的视频打上相应的标签。在监控中，当检索某些和车辆、行人相关的可疑信息时，也需要用到大量的警力进行排查。这种人工方式的代价是巨大的。针对以上问题，视频分析技术应运而生。视频分析通过人工智能、计算机视觉和模式识别等方法，突破目标识别、检测、分割、跟踪等技术，可以使计算机自动提取视频中感兴趣的信息，对视频内容进行有效分析，辅助人从烦琐的工作中解放出来。

1.3　任务与挑战

　　视频处理与分析长期以来受到学术界和工业界的广泛关注。其研究涉及计算机视觉、模式识别、机器学习等多个领域。深度学习的兴起和发展为视频分析提供了新的思路和方法，极大地推动了该领域研究与应用的发展。本书重点介绍视频分析中的关键技术，包括目标识别和分类、目标检测和定位、目标分割、目标跟踪和视频语义理解。

1. 目标识别和分类

　　目标识别和分类是指对视频或图像中是否出现某种类别的物体进行判断，进而识别目标身份。目标识别和分类是高层视频分析的基础，在很多领域得到广泛应用。如何设计高效、鲁棒、准确的目标识别和分类模型，是该研究方向的重要问题。

2. 目标检测和定位

目标检测和定位是在视频或者图像中提取感兴趣目标，并用检测框的形式确定目标所在的位置。如何有效建模视频的时空结构和运动信息，如何处理视频中运动模糊、视角变化、遮挡、形变等复杂情况，建立高效、通用的视频目标检测模型，是研究的关键问题。此外，如何在监督信息不充分的情况下实现有效的目标检测和定位也是近几年受到关注的问题。

3. 目标分割

目标分割是将视频或图像依照目标存在的区域进行划分和标注。它在对目标实现语义识别和时空定位的基础上，要求准确地描绘目标的边缘，将目标与背景或其他区域分开，实现像素级的识别。如何获得更精细的目标边缘，实现更细粒度的场景分割是该领域研究的前沿问题。

4. 目标跟踪

目标跟踪是指在连续的图像序列中估计目标的位置，确定目标的运动速度、方向、轨迹等运动信息。通过目标跟踪，可以实现对运动目标行为的分析和理解，完成更高级的任务。如何使跟踪器适应目标的外观变化，同时抵抗背景因素的干扰，如何对视频中的多个目标进行区分和匹配，如何实现有效的跨摄像机跟踪算法等，都是该领域需要解决的关键问题。

5. 视频语义理解

视频语义理解旨在实现对视频内容的高层语义认知和分析。常见的视频语义理解任务包括行为分析、群体分析、异常检测、视频描述和视频问答等。在视频语义理解任务中，语义鸿沟是一大难点。如何通过一系列任务和方法在视频内容表达和人类认知之间构建相应的桥梁，进而实现对视频内容的高层语义认知和理解，是该领域研究的关键问题。

本书从视频的目标识别和分类、目标检测和定位、目标分割、目标跟踪、视频语义理解及相关的评估评测研究出发，对基本概念、发展趋势和代表性方法进行阐述。此外，还对这些研究面临的重要挑战和关键问题进行介绍。希望可以帮助读者梳理视频处理与分析技术的发展历程和研究现状，提供相应的参考信息，推动该领域的进一步发展。

第2章　目标识别和分类

2.1　引　　言

视觉计算理论的奠基者马尔等[1]认为，视觉要解决的问题可归结为"What is Where"，即什么东西在什么地方。在视觉研究中，判断图片中有没有物体是目标分类，图片中物体的具体位置在哪是目标检测，图片中哪些像素属于物体则是目标分割。总体而言，这是一个从粗到细的问题，即目标分类、检测和分割是视觉识别中的基本研究问题之一。图 2.1 所示为视觉识别中的目标分类、检测与分割。给定一张图片，目标分类要回答的问题是这张图片中是否包含某类目标(图 2.1(a))；目标检测要回答的问题是目标出现在图中的什么地方，一般通过外接矩形框的方式给出(图 2.1(b))；目标分割要回答的问题是图片中的哪些像素属于目标(图 2.1(c))。目标分类、检测和分割的研究是整个视觉研究的基石，是解决跟踪、语义理解等其他复杂视觉问题的基础。本章主要对目标分类和识别任务进行介绍。

(a) 目标分类　　　　　　　　(b) 目标检测　　　　　　　　(c) 目标分割

图 2.1　视觉识别中的目标分类、检测与分割

2.1.1　基本理论

我们知道，人眼视觉系统将外部世界映射成人脑认知。认知科学的发展对于视觉识别理论的发展具有重要的指导意义。追溯脑与认知科学 200 多年的研究历史，在理论上，认知领域的一些科学家从原子论和整体论两个角度开展研究，形成视觉识别不同的学术理论。近半个世纪以来，原子论占据认知科学的主导地位。其中，较有影响的近代知觉理论主要有马尔的视觉计算理论、特里斯曼和格拉德的特征整合理论、麦克利兰和鲁姆哈特的相互作用激活理论、比德尔曼的成分识别理论。他们都持原子论的观点，认为知觉过程是由局部到大范围。1982 年，陈霖在 *Science* 上发表了不同于其他学者的一个理论思想，即视知觉中的拓扑结构，认为知觉活动以拓扑形式体现——从大范围向局部推进。这一理论是格式塔学派

及其后续者提出的知觉组织(perception organization)理论的拓展和延续，目前已成为国际上比较公认的初期知觉学说之一。下面简要介绍目前目标识别领域的主要理论流派。

1. 马尔视觉计算理论[1,2]

20 世纪 80 年代初，马尔综合信息处理、心理学、生理学的研究成果，从信息科学的角度提出第一个较为完整的视觉计算理论，极大地推动了计算机视觉的发展与应用。这一理论的提出突破了以往仅在心理学与生理学领域对人类视觉系统的定性描述，首次将视觉系统的计算提高到数学理论水平。马尔理论的出现对神经科学的发展和人工智能的研究产生了深远的影响。马尔从信息处理系统的角度出发，认为视觉系统的研究应该分为三个层次，即计算理论层次、表达(representation)与算法层次、硬件实现层次。马尔视觉理论的核心问题是，从图像结构推导外部世界的三维结构。他认为视觉是一个信息处理过程，根据外部世界的图像产生对观察者有用的描述。这些描述依次由许多不同但是都记录外界某方面特征的表达组合而成。

马尔视觉计算理论首次系统地提出关于视觉的计算理论，对视觉计算的研究起到了巨大的推动作用。然而，图像是真实世界中物体的二维投影。物体在图像中的表征虽然仅仅是灰度的分布，但是由几何特征、光照、物体材料、摄像机参数等共同决定的。因此，由物体二维图像投影反推三维结构时，若缺乏足够的约束条件，三维重建就是一个病态问题。这也是马尔计算理论存在争议的地方。在马尔视觉理论的指导下，研究人员提出基于 3D 模型的目标识别方法[3-5]，利用物体的先验知识解决遮挡等问题，但是结构模型的获取与表达还没有比较好的解决方法。

2. 特征整合理论[6]

该理论是认知心理学的一种理论，1980 年由特里斯曼和格拉德提出。他们认为视觉加工过程包括两个阶段，即特征登记阶段和特征整合阶段。在特征登记阶段，视觉早期阶段只能检测独立的特征，包括颜色、大小、反差、倾斜性、曲率和线段端点等，也可以包括运动和距离的远近差别。这些特征处于自由漂浮状态(free floating state)，不受所属客体的约束，其位置在主观上是不确定的。知觉系统对各个特征进行独立编码。这些特征的心理表征叫特征图(feature map)。在特征整合阶段(物体直觉阶段)，知觉系统把彼此分开的特征正确联系起来，形成对某一物体的表征。该阶段要求对特征进行定位，即确定特征的边界位置在哪里。这就是位置图(map of locations)。特征整合发生在视觉处理的后期阶段，是一种非自动化、序列的处理。

特里斯曼既重视自下而上的加工在知觉中的作用，也承认物体表征和识别网络的相互作用。在这个意义上，注意特征整合模型是一个以自上而下的加工为主要特征、具有局部交互作用的模型。在此理论的基础上，Itti 等[7,8]提出注意机制理论，较早地建立了模拟早期灵长类动物神经结构的视觉注意机制系统。在该系统中，多层次的图像特征被整合到一个注意程度图中，然后通过动态神经网络选择注意焦点的位置，降低该区域的注意程度，使系统不断地转移并选择新的注意焦点。通过迅速选择注意焦点进行细节分析，可以大大降低理解整个场景的复杂程度[9,10]。

3. 相互作用激活理论[11]

相互作用激活理论由麦克利兰和鲁姆哈特于 1981 年提出，主要处理语境(context)作用下的字词知觉。该理论假设，知觉本质上是一个相互作用的过程，即自上而下的加工与自下而上的加工同时起作用，通过复杂的限制作用共同决定知觉。

该理论主张知觉系统是由许多加工单元组成的。每个相关的单元都有一个结点(node)，即最小的加工单元。每个结点通过兴奋和抑制两种连接方式与其他大量的结点联结在一起。每个结点在某一时间都有一个激活值。激活值既受到直接输入的影响，也受到相邻各结点兴奋或抑制的影响。同层次和不同层次结点之间兴奋和抑制的各种关系，构成异常复杂的网络(特征-字母-单词)。知觉加工发生在一系列相互作用的层次。每个层次都和其他一些层次联系在一起。这种联系通过一种激活扩散机制进行，不但肯定自下而上的加工，而且重视自上而下的加工。因此，单元间的联系不仅存在来自低层次的兴奋与抑制，也存在来自高层次对低层次的兴奋与抑制。

相互作用激活模型既重视自下而上的感觉信息在知觉和模式识别中的作用，也重视自上而下人的知识表征作用，因此从理论上解决了模式识别中两种处理的相互作用问题。该模型主要针对字词识别，但是其基本原理与假设同样适用于识别各种非词的刺激模式。因此，该模型受到学术界的高度重视，广泛用于字词识别和阅读理解研究[12]。

4. 成分识别理论[13]

比德尔曼在马尔理论的基础上提出成分识别理论。该理论认为，把复杂对象的结构拆分为简单的部件形状就可以进行模式识别。其中心假设是，物体由一些基本形状或成分，也就是几何离子组成。几何离子包括方块、圆柱、球面、圆弧、楔子。比德尔曼认为，几何离子大约有 36 种，能够对物体进行充分描述。部分原因在于，几何离子间的各种空间关系可形成很多种组合，足以让我们识别所有物体。按照比德尔曼的假设，我们是通过感知或恢复基本的几何离子来识别物体的。如果出现足够的信息，我们能觉察出几何离子，那么就能识别物体；反之，如果呈现信息的方式不能让我们觉察出个别原始离子，就不能识别物体。

在这一理论指导下，词袋(bag of words)模型[14-16]成为目标识别领域的代表。然而，该理论的中心假设并没有得到直接证明。例如，并无信服的证据支持比德尔曼提出的 36 个成分或几何离子确实可以构成目标识别的主体框架。

5. 格式塔理论[17]

格式塔是德文 Gestalt 的译音，英文常译成 form(形式)或 shape(形状)。Gestalt 心理学家研究的出发点是"形"，是指由知觉活动组织成的经验中的整体。人的视觉系统具有在对物体一无所知的情况下，从图像中得到相对聚集(grouping)和结构的能力。这种能力称为感知组织。格式塔心理学家发现的感知组织现象是一种非常有力的关于像素整体性附加约束，从而为视觉推理提供基础。在视觉研究中，格式塔理论认为把点状数据聚集成整体特征的聚集过程是其他意义上处理过程的基础。按格式塔理论，在特定条件下，视觉刺激被组织得最好、最规则(对称、统一、和谐)，具有简单明了性的"形"。人的视觉系统具有很强的检测多种图案，以及随机、有显著特色的图像元素排列的能力。例如，人可从随机分布的图像元素中检测出对称性、集群、共线性、平行性、连通性，以及重复的纹理等。感知组织把点状传感数据变换成客观的表象。在这些表象中，用于描述的词藻不是点状定义图像中的灰度，而是形状、形态、运动、空间分布这样的描述。总之，感知组织对传感器数据进行整体分析，可以得到一组宏观的表象。这样的宏观表象就是我们进行认知活动的基本构件。它们可构成对外部世界的描述。

格式塔理论反映人类视觉本质的某些方面。在知觉组织，尤其是图像分割方面研究人员开展了相关工作[18,19]，但它对感知组织的基本原理只是一种公理性的描述，而非机理性的描述。因此，该理论未能对视觉研究产生根本性的指导作用。

6. 拓扑知觉组织理论[20,21]

陈霖的拓扑知觉组织理论源于早期的全局匹配理论和格式塔心理学。在这些理论的基础上，拓扑知觉组织理论进一步发展了格式塔心理学。围绕该理论，陈霖等得出以下结论。

① 视觉组织是从全局到局部的。

② 整体优先于局部。

③ 拓扑不变的特征能够良好地表达全局属性。

在拓扑知觉理论中，全局与局部的关系有两重，即在时间上，全局先于局部被描述；在重要性上，全局强于局部。

在拓扑知觉组织理论中，最重要的概念是知觉物体。它被定义为拓扑变化中的不变量。一个拓扑变化指的是一对一连续的变化。直观上，它可以被想象成一种橡皮泥式的任意形变，但是要保证原本分离的点不会被连接上，而原本连接的点不会被分离。例如，一个实心圆光滑地变化成一个实心椭圆。相关研究证明，拓扑变化是所有几何变化中最稳定的[22]。令人惊讶的是，神经生理学实验也证明，对于人类视觉系统，在所有的几何变化刺激中拓扑变化是最强烈的。

2.1.2　问题与挑战

目标分类与识别在很多领域得到广泛应用，包括安防领域的人脸识别、行人检测；交通领域的车辆计数、逆行检测、车牌检测与识别；互联网领域的图像检索、相册自动归类等。尽管过去几十年该领域取得较大的进展，但是目标分类与识别仍然是一个充满挑战性的问题。这些挑战可以概括为三个层次，即实例层次、类别层次和语义层次[23]。目标识别研究中存在的困难与挑战如图 2.2 所示。

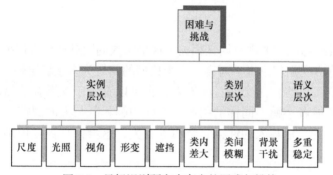

图 2.2　目标识别研究中存在的困难与挑战

1. 实例层次

对单个物体实例而言，由于图像采集过程中光照条件、拍摄视角、距离的不同，物体自身的非刚体形变，以及其他物体的部分遮挡，物体实例的表观特征产生很大的变化，给视觉识别算法带来极大的困难。

2. 类别层次

困难与挑战通常来自三个方面，首先是类内差别大，即属于同一类的物体表观特征差别比较大。这里强调的是类内不同实例的差别。如图 2.3(a)所示，同样是椅子，外观却千差万别，从语义上讲，具有坐的功能的器具都可以称椅子。其次是类间模糊性，即不同类别的物体实例具有一定的相似性。如图 2.3(b)所示，左边是一只哈士奇犬，右边是一只狼，但我们从外观上却很难分开二者。最后是背景干扰，在实际场景下，物体的背景可能是非常复杂的，这使识别问题的难度进一步增加。

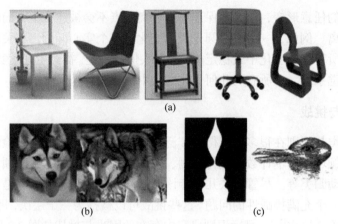

图 2.3　目标识别存在挑战的示例

3. 语义层次

困难和挑战与图像的视觉语义相关，这个层次的困难往往难以处理，特别是对现在的计算机视觉理论水平而言。一个典型的问题为多重稳定性。如图 2.3(c)所示，左边既可以看作两个面对面的人，也可以看作一支燃烧的蜡烛；右边可以解释为兔子或者小鸭。同样的图像，不同的解释既与人的观察视角、关注点等物理条件有关，也与人的性格、经历等有关，这恰恰是视觉识别系统很难处理的部分。

2.2　经典目标识别和分类方法

本节对目标识别中的典型方法进行介绍。

目标分类主要是判断图像或视频中是否包含某种物体，如何构建分类模型是目标分类的主要研究内容。在这类工作中，词袋模型是代表性方法之一。在较长的一段时间内，词袋模型及其改进方法成为目标分类的主流。2012 年，Krizhevsky 等[24]在 ImageNet 目标分类竞赛中成功使用卷积神经网络(convolutional neural network, CNN)取得挑战赛的冠军。此后，深度学习模型引起计算机视觉领域研究人员的极大关注，并逐渐成为目标分类的主流方法。以此时间节点为界，目标分类模型的研究可以大致可以分成两个阶段，即传统目标分类方法阶段和深度学习方法阶段。概括来讲，传统目标分类方法主要通过手工特征设计或者特征学习的方法对整个图像或视频进行全局描述，然后通过分类器判断是否存在某类物体。与传统方法不同，深度学习方法主要依靠 CNN 等深度模型以端到端的方式完成特征提取和分类器的学习。

2.2.1　传统目标分类方法

1. 词袋模型

词袋模型最初产生于自然语言处理领域，通过建模文档中单词出现的频率对文档进行描述与表达。在信息检索中[25]，词袋模型将一个文档看成若干个词汇的集合，并且不考虑单词顺序和语法、句法等要素。2004 年，Csurka 等[26]首次将词袋的概念引入视觉领域，并提出一个针对图像场景分类的视觉词袋模型算法。词袋模型成为前深度学习最重要的目标分类方法。对目标分类来说，为了表示一张图像，可以将图像看成一个文档，即若干个视觉词汇的集合。图像中的局部特征可以看作单词，如图 2.4 中人脸的眼睛、鼻子等。在一系列工作的推动下，目标分类领域逐渐形成由底层特征提取、特征编码、特征汇聚、分类器四个部分组成的标准目标分类框架。

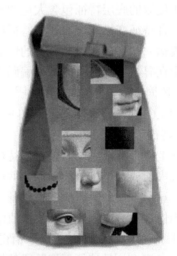

图 2.4　目标分类中的词袋模型

(1) 底层特征提取

底层特征提取是目标分类的第一步。底层特征提取方式有两种，一种是基于兴趣点检测的方式，另一种是密集提取的方式。兴趣点检测算法通过某种准则选择具有明确定义的、局部纹理特征比较明显的像素点、边缘、角点、区块等，能够获得一定的几何不变性，在较小的开销下得到更有意义的表达。常用的兴趣点检测算子有哈里斯(Harris)算子、基于加速分割测试的特征算子 FAST(features from accelerated segment test)、高斯拉普拉斯算子 LoG(Laplacian of Gaussian)、高斯差分算子 DoG(difference of Gaussian)等。相比兴趣点检测方法，目标分类领域使用更多的是密集提取的方式，从图像中按固定的步长、尺度提取大量的局部特征描述。大量局部描述尽管具有更高的冗余度，但是信息更加丰富，以此为基础使用词袋模型进行有效表达后通常可以得到比兴趣点检测更好的性能。常用的局部特征包括尺度不变特征转换(scale-invariant feature transform，SIFT)[27]、方向梯度直方图(histogram of oriented gradient，HOG)[28]、局部二值模式(local binary pattern，LBP)[29]等。在 2005～2012 年的 PASCAL VOC 竞赛中，历年最好的目标分类算法都采用多种特征，采样方式上将密集提取与兴趣点检测相结合，底层特征描述采用多种特征描述子。这样做的好处是，在底层特征提取阶段，通过提取大量的冗余特征最大限度地对图像进行底层描述，可以防止丢失过多的有用信息。事实上，深度学习一个重要的观点就是手工设计的底层特征描述子作为视觉信息处理的第一步往往会过早地丢失有用的信息，直接从图像像素学习到任务相关的特征描述是比手工特征更为有效的手段。

(2) 特征编码

密集提取的底层特征包含大量的冗余与噪声，为提高特征表达的鲁棒性，需要使用一种特征变换算法对底层特征进行编码，从而获得更具区分性、更加鲁棒的特征表达。这一步对目标分类的性能具有至关重要的作用，因此大量的研究工作都集中在寻找更加强大的特征编码方法，代表性的特征编码算法包括向量量化编码[30]、核词典编码[31]、稀疏编码[32]、局部线性约束编码(locality-constrained linear coding，LLC)[33]、显著性编码[34]和 Fisher 向量编码[35]等。

(3) 特征汇聚

特征汇聚是特征编码后进行的特征集整合操作。通过对编码后特征的每一维度采取最大值或者平均值的操作，就可以得到一个紧致的特征向量作为图像的特征表达。这一步得到的图像表达具备一定的特征不变性，同时也避免了使用特征集进行图像表达的高额代价。最大值汇聚在绝大部分情况下的性能优于平均值汇聚，在目标分类中使用最为广泛。值得一提的是，空间金字塔匹配(spatial pyramid matching，SPM)[16]是特征汇聚阶段的标准步骤。SPM 将图像均匀分块，然后在每个区块中单独做特征汇聚操作，将所有特征向量拼接起来作为图像最终的特征表达。通过这种方式，可以有效描述图像的空间结构信息。

(4) 分类器

得到图像特征表达之后，使用一个固定维度的向量对图像进行描述，学习相应的分类器对图像进行分类。常用的分类器有支持向量机(support vector machine，SVM)[36]、k 近邻分类器[37]、Boosting 方法[38]、随机森林[39]等。基于最大化边界的SVM 是使用最为广泛的分类器之一，在目标分类任务中的性能很好，特别是使用核方法的 SVM。随着目标分类研究的发展，使用的视觉单词不断增加，得到的图像表达维度也不断增大，达到几十万的量级。这样高的数据维度，相比几万量级的数据样本，都与传统的模式分类问题有很大的不同。随着处理的数据规模不断增大，基于在线学习的线性分类器成为首选，受到广泛的关注与应用。图 2.5 为基于词袋模型的目标分类框架。

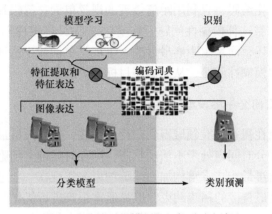

图 2.5　基于词袋模型的目标分类框架

2. SPM 模型

词袋模型完全忽略了特征点的位置，因此缺乏对图像的结构信息进行有效描述的能力。为了对图像中的空间结构约束进行描述，文献[16]提出 SPM 模型。SPM 模型首先将图像分成若干块，在每个子块中单独进行特征汇聚操作，并将所有特征向量拼接起来作为图像最终的特征表达。此外，SPM 方法采用一种多尺度的分块方法，呈现出一种多层金字塔的结构。空间金字塔操作简单且可以在原有方法上取得明显的性能提升，因此在后续基于词袋模型的图像分类框架中成为标准步骤。在实际使用中，通常使用 1×1、2×2、4×4 的空间分块，特征维度是全局汇聚得到的特征向量的 21 倍。在 PASCAL VOC 数据库中采用 1×1、2×2、3×1 的分块，最终特征表达的维度是全局汇聚的 8 倍。

3. 向量量化编码模型

向量量化(vector quantization，VQ)编码是一种简单的特征编码，其主要思想是通过使用一个较小的特征集合(视觉词典)对底层特征进行描述，达到特征压缩的目的。向量量化编码只在最近的视觉单词上响应为 1，因此又称硬量化编码、硬投票编码。向量量化编码思想简单、直观，比较容易高效实现，因此得到广泛的使用。其基本思想是，假设给出一张图像，令 X 代表从图像中提取的维度为 D 的局部描述子的集合，其中 $X = [x_1, x_2, \cdots, x_N] \in \mathbf{R}^{D \times N}$，$N$ 为描述子数量。令 $B = [b_1, b_2, \cdots, b_M]$ 代表 M 个向量组成的码本。不同的编码策略通过不同的方式将每一个描述子转化为 M 维的编码生成最终的图像表达。量化编码通过最小二乘拟合的方式解决编码问题。编码过程可以理解为寻找最近邻的过程。

向量量化编码只能对局部特征进行粗糙的重构。在实际图像中，图像局部特征常常存在一定的模糊性，即一个局部特征可能与多个视觉单词的差别很小。此时，若使用向量量化编码将只利用距离最近的视觉单词，忽略其他相似性很高的视觉单词。为了克服这种模糊性问题，软量化编码(又称核视觉词典编码)不再使用一个视觉单词描述，而是由距离最近的 k 个视觉单词加权后进行描述，可以有效解决视觉单词的模糊性问题，从而提高目标分类的精度。

4. 稀疏编码空间金字塔模型

稀疏表达理论在视觉研究领域得到广泛的关注，研究人员最初在生理实验中发现细胞在绝大部分时间内处于不活动状态，即在时间轴上细胞的激活信号是稀疏的。稀疏编码通过最小二乘重构加入稀疏约束来实现在一个过完备基上响应的稀疏性。l_0 约束是最直接的稀疏约束，但是通常很难进行优化。近年来更多使用的是 l_1 约束，可以更加有效地进行迭代优化，得到稀疏表达。Yang 等[40]将稀疏编码应用到目标分类领域，替代之前的向量量化编码和软量化编码，得到一个高维高度稀疏的特征表达，可以大大提高特征表达的线性可分性，因此仅使用线性分类器就可以得到当时最好的目标分类结果，将目标分类的研究推向一个新的高度。这一方法也称为稀疏编码空间金字塔匹配(sparse coding SPM，ScSPM)。为了改进向量量化编码的量化损失，约束项被更为松弛的稀疏性约束代替。该约束项以 l_1 范数的形式作用到 c_i 上，并对每个描述子 x_i 进行编码，即

$$\arg\min_{C} \sum_{i=1}^{N} \|x_i - Bc_i\|^2 + \lambda \|c_i\|_{l_1} \tag{2.1}$$

其中，x_i 为特征描述子；B 为码本；λ 为约束项系数；c_i 为编码向量。

在 ScSPM 过程中，稀疏约束项起到了重要的作用。首先，码本 B 通常是过完备的，这意味着 $M > D$，因此 l_1 可以确保欠定系统有唯一解。其次，稀疏性先验可以学到显著的局部描述子特征表达。再次，相对于量化编码，稀疏性编码可以实现更少的量化损失。相应地，在仅使用线性分类器时，ScSPM 编码的性能明显优于采用非线性分类器的 SPM。稀疏编码在目标分类上的成功也不难理解，对于一个很大的特征集合(视觉词典)，物体类别通常和较少的特征有关。例如，自行车通常和表达车轮、车把等部分的视觉单词密切相关，与飞机机翼、电视机屏幕等的关系较小，而行人则通常在头、四肢等对应的视觉单词上有强响应。

5. LLC 模型

尽管稀疏编码取得了一定的成功，但是其仍然存在一定的问题，即相似的局部特征可能经过稀疏编码后在不同的视觉单词上产生响应。这种变换的不连续性

会导致编码后特征的不匹配，影响特征的区分性能。LLC[32]的提出就是为了解决这一问题，通过加入局部线性约束，在一个局部流形上对底层特征进行编码重构。这样既可以保证特征编码不会有稀疏编码存在的不连续问题，也可以保持稀疏编码的特征稀疏性。局部性是 LLC 中的一个核心思想，引入局部性可以在一定程度上改善特征编码过程的连续性问题，即距离相近的局部特征经过编码之后应该依然能够落在一个局部流形上。LLC 编码可以写成如下形式，即

$$\arg\min_C \sum_{i=1}^{N} \|x_i - Bc_i\|^2 + \lambda \|d_i \odot c_i\|^2$$

$$\text{s.t.} \quad 1^T c_i = 1 \tag{2.2}$$

其中，$\odot$ 为点积操作；$d_i \in \mathbf{R}^M$ 为描述子 x_i 与词典 B 中每个基的相似度，并根据相似度赋予不同基向量不同的自由度，即

$$d_i = \exp\left(\frac{\text{dist}(x_i, B)}{\sigma}\right) \tag{2.3}$$

其中，$\text{dist}(x_i, B) = [\text{dist}(x_i, b_1), \cdots, \text{dist}(x_i, b_M)]$，$\text{dist}(x_i, b_j)$ 为 x_i 与 b_j 的欧氏距离；σ 为超参数。

该方法的优势在于，相似的描述子之间可以有相似的编码，因此可以保留编码的相关性。稀疏编码为了最小化重建误差，可能引入不相邻的约束项，因此无法保证平滑性。当然，这两种方法都明显优于量化编码方式。

6. 显著性编码模型

不同于稀疏编码和 LLC，显著性编码模型[34]引入了视觉显著性概念。如果一个局部特征到最近和次近的视觉单词的距离差别很小，则认为这个局部特征是不显著的，从而编码后的响应也很小。在显著性编码过程中，显著程度的定义为

$$\Psi(x, \tilde{b}_i) = \Phi\left(\frac{\|x - \tilde{b}_i\|_2}{\frac{1}{K-1}\sum_{j \neq i}^{K} \|x - \tilde{b}_j\|_2}\right) \tag{2.4}$$

其中，$\Psi(x, \tilde{b}_i)$ 为使用 $\tilde{b}_i$ 描述 x 时的显著性；Φ 为单调递减函数；$[\tilde{b}_1, \tilde{b}_2, \cdots, \tilde{b}_k]$ 为 x 的 k 个最近邻的集合。

在给出显著性程度的定义下，显著性编码可以通过如下方式计算，即

$$c_i = \begin{cases} \Psi(x, \tilde{b}_i), & i = \arg\min_j \left(\|x - \tilde{b}_j\|_2\right) \\ 0, & \text{其他} \end{cases} \tag{2.5}$$

相比其他方法，显著性编码不依赖重建，因此不存在 LLC 编码过程中出现的欠定问题。由于是解析的结果，编码速度也比稀疏编码快很多。通过这种简单的编码操作，显著性编码在 Caltech101/256、PASCAL VOC 2007 等数据库上取得非常好的结果。

7. 超向量编码和 Fisher 向量编码模型

超向量编码和 Fisher 向量编码是两种性能较好的特征编码模型。其基本思想有相似之处，都可以认为是编码局部特征和视觉单词的差。与传统的基于重构的特征编码方法不同，Fisher 向量编码同时融合产生式模型和判别式模型的能力，记录局部特征与视觉单词之间的一阶差分和二阶差分。超向量编码直接使用局部特征与最近的视觉单词的差来替换之前简单的硬投票。这种特征编码方式得到的特征向量表达通常是传统基于重构编码方法的 M (局部特征的维度)倍。尽管特征维度要高出很多，超向量编码和 Fisher 向量编码在 PASCAL VOC、ImageNet 等极具挑战性的数据库上仍获得了当时最好的性能，并在图像标注、图像分类、图像检索等领域得到应用。2011 年，ImageNet 分类竞赛冠军采用超向量编码。2012 年，VOC 竞赛冠军采用向量量化编码和 Fisher 向量编码。

8. 小结

针对目标分类任务，人们用大量的方法对词袋模型中的特征编码和特征池化模型进行了研究。针对多样的特征编码和特征池化模型，文献[41]研究了 5 种编码策略与 2 种池化操作策略之间的关系，充分考虑不同编码和池化策略组合的方式对目标分类结果的影响。在考虑大范围视觉字典尺寸变化(16 万~26 万)的前提下，在 15 Scenes、Caltech 101、PASCAL VOC 2007、Caltech 256 和 ImageNet 等数据库上验证不同方法组合的性能。通过大量实验和分析，可以得出一系列结论，即稀疏编码取得的最好性能要优于硬投票和软投票；最大汇聚操作的最好性能要优于平均汇聚操作；在使用最大汇聚操作的情况下，更大的视觉词典可以带来更高的分类性能。此外，考虑精度、效率、存储等问题，文献[41]还给出了不同应用场合下的应用准则。

2.2.2　基于深度学习的目标分类模型

1. 深度学习的起源与发展

1943 年，McCilloch 和 Pitts 建立了称为 MCP 模型的神经网络数学模型，由此开启人工神经网络的研究。1958 年，Rosenblatt 提出两层神经元组成的神经网络，称为感知器(perceptrons)，并首次用于分类问题。1962 年，该方法被证明是收敛的，进而引起神经网络研究的第一次高潮。1969 年，Minsky 证明感知器本质上是一种线性模型，连简单的 XOR 问题都无法正确分类，从此神经网络的研究陷入近 20 年的僵局。

1959 年，Hubel 和 Wiesel 对猫和猴的大脑进行研究，揭示了动物视觉皮层的功能。研究发现，许多神经元具有小的局部接受性，即仅对整个视野的一小块有限区域起反应。某些神经元会对水平线、垂直线和某些特定圆形模式做出反应。其他神经元具有更大的感受野，并且会被更复杂的模式刺激。这些模式是由较低水平神经元收集的信息组合。该发现获得 1981 年的诺贝尔医学奖。这个发现同时激发了人们对神经系统的思考。简单来说，人的视觉系统的信息处理是分级的，低级的 V1 区提取边缘特征，V2 区提取形状或者目标的部分，再到整个目标、行为等，即高层特征是低层特征的组合，从低层到高层的特征表示越来越抽象，越来越具有语义信息，越利于分类。这促进了人工智能的突破性进展。

1986 年，Rumelhart 等[42]提出人工神经网络的反向传播(back propagation，BP)算法，掀起基于统计模型的机器学习热潮。利用 BP 算法，人工神经网络可以从大量训练样本中学习统计规律，从而对未知事件做预测。这种基于统计的机器学习方法比过去基于人工规则的系统在很多方面显示出优越性。这个阶段的人工神经网络也称作多层感知机(multilayer perceptron，MLP)。但是，BP 算法存在梯度消失等问题，因此逐渐淡出研究者的视线。与此相应的是 20 世纪 90 年代的浅层机器学习的兴起。这些模型包括 SVM 模型和 Boosting 模型等，在当时获得巨大的成功。这些模型的结构可以看成带有一层隐层节点或没有隐层节点的分类模型，但是仍然存在模型抽象能力有限和不能充分利用无标注数据等问题。

2006 年，Hinton 等[43]在 Science 上发表文章，开启了深度学习的新浪潮。这篇文章有两个主要观点。一是，多隐层的人工神经网络具有优异的特征学习能力，学习得到的特征对数据有更本质的刻画，有利于可视化或分类。二是，深度神经网络在训练上的难度，可以通过逐层初始化[44]来有效克服。文章指出，逐层初始化是通过无监督学习实现的，而且多数分类、回归等学习方法是浅层结构算法，在样本有限和计算单元局限情况下对复杂函数的表示能力有限。深度学习可通过学习一种深层非线性网络结构实现复杂函数逼近，表征输入数据分布式表示，并展现出强大的从少数样本集中学习数据集本质特征的能力。

2009 年，Deng 等建立了大规模 ImageNet 图像数据库。依托该数据库，ImageNet 大规模视觉识别挑战赛(ImageNet Large Scale Visual Recognition Challenge，ILSVRC)得以举办，并对各种模型的性能进行评估和评分。这对提升深度神经网络的性能和推动深度学习的普及起到了重要的作用[45]。

2012 年，Hinton 和他的学生 Alex 参加大规模视觉识别挑战赛，一举夺冠，他们提出的 AlexNet 模型大幅超过第二名。AlexNet 为之后各类深度学习模型的发展提供了丰富的经验，如修正线性单元(rectified linear unit，ReLU)激活函数可以有效抑制梯度消失问题；AlexNet 完全采用有监督训练，提出随机失活层(Dropout)层，减少过拟合问题；使用图形处理器(graphics processing unit，GPU)加速模型训练等。每一个贡献都深刻影响了深度学习的发展。在 AlexNet 模型的启发下，深度学习基本按照如何设计更深更宽的模型，从而进一步提升模型表征能力的思路发展。随后，学界提出 VGG(visual geometry group)模型、GoogLeNet 等模型。为解决模型更深、参数更多等问题，研究人员又提出一些新的技术，特别是残差网络(residual network，ResNet)提出基于残差建模的思路解决极度深度的网络训练问题。以 ImageNet 竞赛为例，Top5 的错误率很快从 AlexNet 的 16.4%降到 ResNet 的 3.57%。

2. 深度学习分类模型

深度学习分类模型的基本思想是，通过有监督或者无监督的方式学习层次化的特征表达，对物体进行从底层到高层的描述。主流的深度学习模型包括自动编码器[46]、受限玻尔兹曼机(restricted Boltzmann machine，RBM)[47]、深度信念网络(deep belief nets，DBN)[48]、CNN[49]等。本书重点介绍 CNN 模型及其改进。

从 CNN 提出至今，其网络结构已经有了巨大的改进。这些改进可以归纳为参数优化、正则化、结构重构等。CNN 性能改进的主要原因是处理单元的重组和新模块的设计。本节对有代表性的 CNN 模型进行介绍，包括 LeNet 模型[49]、AlexNet 模型[24]、NIN(network in network)模型[50]、VGG 模型[51]、GoogLeNet 模型[52]、ResNet 模型[53]和 DenseNet 模型[54]等。

(1) LeNet 模型

LeNet 模型是 LeCun 在 1998 年提出的神经网络模型，是一种用于手写体字符识别的高效 CNN。在对数字进行有效分类的同时，不会受到较小失真、旋转，以及位置和比例变化的影响。LeNet 通过巧妙的设计，利用卷积、参数共享、池化等操作提取特征，避免了大量的计算成本，最后使用全连接神经网络进行分类识别，取得了一定的成功。但是，在当时，其重要性并没有引起人们的过多关注。

(2) AlexNet 模型

LeNet 模型虽然开启了 CNN 的纪元，但是 LeNet 模型仅限于手写体字符识别任务，不能很好地适应所有类别的图像。2012 年，Krizhevsky 等提出具有里程碑意义的 AlexNet 网络结构，在当年的大规模视觉识别挑战赛中取得最好的成绩，Top5 错误率比上一年的冠军下降 16.4%，远超当年的第二名。AlexNet 确立了深度卷积网络在目标分类任务的统治地位,从此更深更复杂的神经网络不断被提出。

AlexNet 共有 5 个卷积层和 3 个全连接层，包含 65 万个神经元、6.3 亿个连接、6000 万个参数。

AlexNet 之所以成功，除了结构上的加深还有以下原因。

① 以 ReLU 代替 Sigmoid 非线性激活函数。传统机器学习一般采用 Sigmoid 函数作为激活函数，但其在梯度下降过程中存在梯度消减问题，导致在复杂的神经网络中，传统激活函数效率低不能满足实际需要。为解决这个问题，AlexNet 网络采用 ReLU 作为非线性激活函数，不但可以缩短学习周期，而且可以提高速度和效率，在收敛速度方面有很大的优势。

② 以最大池化操作代替平均池化操作。AlexNet 中的池化层全部使用最大池化操作，可以避免平均池化的模糊效果，并且步长比池化核的尺寸小，池化层的输出之间有重叠和覆盖，使学习的特征更加丰富。

③ 提出局部响应归一化层(local response normalization，LAN)。LAN 对局部神经元的活动创建竞争机制，使其中响应比较大的值变得相对更大，并抑制其他反馈较小的神经元，增强模型的泛化能力，将模型 Top1 和 Top5 的错误率分别降低 1.4% 和 1.2%。

④ 采用 Dropout 方法防止过拟合。使用多个模型共同进行预测是降低测试错误率的基本方法，但是单独训练多个模型组合会导致整个训练过程的成本增加。Dropout 策略通过修改神经网络本身结构来有效地防止过拟合。对于每一个隐层，以 50% 的概率将其神经元输出随机设置为 0，被剔除的神经元既不参与前向传播，也不参与反向传播。在训练中，对于网络某一层，随机剔除一些神经元，然后按照神经网络的学习方法进行参数更新，在下一次迭代中，重新随机删除一些神经元，直至训练结束。对于每一个输入样本来说，都使用不同的网络结构，但是这些结构之间共享权重。这样求得的参数能够适应不同情况下的网络结构，提高系统的泛化能力。AlexNet 在前两个全连接层中使用这个策略。

⑤ 使用数据增强防止过拟合。使用百万级 ImageNet 图像数据进行训练时，AlexNet 将 256 × 256 的图片随机裁切到 224 × 224，并允许水平翻转。在测试时，对左上、右上、左下、右下、中间做 5 次裁切并翻转，得到 10 个裁切后的图片，并对 10 张图片分类结果求平均，使用数据增强可以减轻过拟合，提升模型泛化能力。AlexNet 还对图像的 RGB 数据进行主成分分析(principal components analysis，PCA)处理，为主成分添加一个 0.1 的高斯扰动并增加一些噪声，使错误率又下降 1%。

⑥ 使用 GPU 通用并行计算架构(compute unified device architecture，CUDA)加速 CNN 训练。AlxeNet 使用 2 张 GTX 580 GPU 进行训练，以减小 GPU 显存对网络规模的限制，将网络分布在两个 GPU 上，在每一个 GPU 的显存中存储一半的神经元参数。它们能够直接从另一个 GPU 的显存中进行读出和写入操作，而不需要通过主机内存，并在特定层进行 GPU 之间的通信，进而控制性能损耗。

(3) VGG 模型

2014 年，牛津大学 VGG 组和谷歌 DeepMind 公司一起提出 VGG 模型。VGG模型在 2014 年的 ILSVRC 比赛中取得定位和分类任务的第一名和第二名。它最大的贡献是将 AlexNet 网络推入更深层模型，第一次将模型深度提高到 16 层以上，使其在分类和定位等任务上的性能得到大幅度提高。VGG 的核心思想是通过堆叠更多的卷积层来增加网络的深度，提高模型的性能，但是如果只在原始模型上简单通过复制权重层来堆叠，则会出现参数量过大、模型过于复杂、模型的优化求解更难等问题。为此，VGG 模型假设两个 3×3 卷积层堆叠的效果与一个 5×5 的卷积层具有相同的感受野，三个 3×3 卷积层堆叠的效果与一个 7×7 的卷积层具有相同的感受野。因此，VGG 将原始网络中的 7×7 和 5×5 卷积层换成多个 3×3 卷积层的堆叠以达到同样的效果，但是参数量大大减少。卷积层堆叠的另外一个优势是，每一个卷积层后都有一个 ReLU 层，因此随着卷积层数的增加，模型的判别性也会相应增加。

(4) NIN 模型

NIN 模型由新加坡国立大学的颜水成等于 2014 年提出。相比于 AlexNet 模型，NIN 模型采用较少参数就可以取得相当的效果。

在经典的 CNN 中，卷积层和池化层交替堆叠，并以全连接层结束完成模型的构建。在卷积层，通常通过线性滤波器计算输入特征图对应位置的响应，然后通过非线性激活得到输出特征图。这种方式假设线性模型足以抽象线性可分的隐含特征，然而实际特征通常是高度非线性的。为解决此类问题，常规方法采用超完备滤波器提取潜在特征的各种变体,但是需要考虑来自前一层所有变化的组合，而过多的滤波器会带来额外的负担。在常规的 CNN 中，来自更高层的滤波器会映射到原始输入的更大区域，并且结合低层感受野内的特征生成高层的概念。与此不同，NIN 模型对网络局部模块做特征抽象，在每个卷积层内引入微型网络，计算和抽象每个局部区域的特征。

在潜在特征分布未知的情况下，为了尽可能地逼近潜在特征的抽象表示，需要学习一个通用的函数逼近器提取局部区域特征。径向基网络和 MLP 是两种常用的函数逼近器。NIN 模型选择使用 MLP，因为多层感知器与 CNN 的结构一样，都是通过反向传播训练。多层感知器本身就是一个深度模型，符合特征再利用的原则。普通卷积层和广义线性模型(generalized linear model，GLM)相当于单层网络，其抽象能力有限。为了提高模型的抽象能力，NIN 模型使用 MLP 卷积层代替传统的 GLM 层。MLP 卷积层的本质是在常规卷积层(感受野大于 1 的)后接若干 1×1 卷积层。受其影响，后续的 GoogLeNet、ResNet、SqueezeNet、MobileNet、ShuffleNet 等都使用 1×1 卷积作为 NIN 函数逼近器的基本单元。1×1 卷积除了增强网络局部模块的抽象表达能力，还可以实现跨通道的特征融合，以及升维、降维。

对于分类任务，传统的 CNN 需要将最后一层卷积层的特征图向量化，然后送入全连接层，并添加 Softmax 逻辑回归层。卷积结构与传统神经网络分类器连接起来会造成全连接层参数量非常庞大，通常容易过拟合。因此，NIN 模型提出用全局平均池化代替全连接层。具体做法是对最后一层的特征图进行平均池化操作。平均池化操作之后，向量直接送入 Softmax 层。这样做的一个好处是使特征图与分类任务直接关联。此外，另一个优点是全局平均池化不需要优化额外的模型参数。因此，模型大小和计算量较全连接大大减少，并且可以避免过拟合。

(5) GoogLeNet 模型

Szegedy 等提出的 GoogLeNet 在 2014 年的大规模视觉识别挑战赛中取得最好成绩。GoogLeNet 是一个 22 层的深度 CNN。Szegedy 等将网络模型中的核心结构命名为 Inception 结构。GoogLeNet 设计的主要目标是在降低计算成本的同时实现高精度。

要达到更高的精度通常需要设计更深的网络结构，其面临的主要挑战有两个。一是，更深的网络往往需要更多的数据，在数据有限的情况下，参数的增加会带来过拟合问题。二是，更深的网络往往需要更大的计算资源，而且随层数和参数的增加往往是更剧烈的。一种解决方法是将全连接层替代为更稀疏的层，例如在实际中广泛应用的卷积层就属于这一策略。但是，卷积层仅在空间上进行了稀疏连接，在滤波器层面还是稠密连接的方式。Szegedy 等提出利用多个稠密的子矩阵来近似拟合稀疏的主矩阵，即用已有的一些稠密连接层来近似一个稀疏的结构，通过拆分、变换、合并思想整合多尺度卷积变换。

为了捕获不同尺度的空间信息，Inception 结构包括不同大小卷积核(1×1、3×3、5×5)的卷积层。受 NIN 模型的启发，传统卷积层也被替换为小的模块。GoogLeNet 中的分割、变换和合并的思想有助于解决相同类别图像中存在的多种因素导致的类内差距问题。除了提升学习能力，GoogLeNet 还着重考虑参数的利用率，在 3×3 和 5×5 卷积前使用 1×1 卷积进行降维操作，保证参数量不会急剧扩大；在池化操作后，加入 1×1 的卷积进行降维；在最后一层使用全局平均池代替全连接层。这些调整使参数量从 4000 万减少到 500 万。另外，为了解决梯度消减问题，GoogLeNet 使用连接在中间层的辅助分类器。在训练中，辅助分类器和主分类器共同学习，但是辅助分类器的权重更低。在测试中，辅助分类器会被去掉。

GoogLeNet 不仅在多个目标分类和检测数据集上得到最好的结果，其参数量也比之前挑战赛中获胜的方法大大减少，是当时最有效的网络结构之一。

(6) ResNet 模型

在 2015 年的大规模视觉识别挑战赛中，He 等提出的 ResNet 获得第一的成绩。同时，ResNet 在多个任务上都取得了领先的结果，包括 ImageNet 数据集上的检测、定位任务，微软常见物体数据集(common objects in context，COCO)上的检测、分割任务等。

随着 VGG 网络的提出，人们意识到层数越深，网络效果越好。He 等设计的 ResNet 可以达到 152 层，后续的版本更是可以达到 1000 层。这是其分类结果大大提升的主要原因。对于如此深的网络，其核心的问题是怎样在保持网络层数很深的同时仍可以使模型得到有效训练。网络加深时很容易发生梯度消失的问题，导致训练难以收敛。虽然这个问题可以用标准的初始化和正则化来解决，但是训练收敛后，随着网络深度的加深，分类精度饱和后会迅速下降，并且这一问题不能通过克服过拟合解决。因此，可以添加自身映射层构建更深层数的模型，保证深度更大的模型不会出现比浅层模型精度低的情况。

ResNet 网络的核心是残差模块。之前的做法是用每层直接拟合一个映射，而残差模块则是去拟合残差映射，通过对多层残差模块进行堆叠，34 层网络结构的 ResNet 网络就可以构建起来。在设计网络结构时，He 等通过实验提出两个设计准则。

① 对于输出尺寸相同的层，每层必须含有相同数量的过滤器。

② 输出特征尺寸减半，过滤器数量加倍。

在遇到跳层连接起始与末端尺寸不同的层时，ResNet 使用两个策略，即对增加的维度补 0；在跳层连接上增加投影来匹配尺寸。值得一提的是，ResNet 不仅可以大大提升测试精度，同时也比之前的方法使用更少的参数。

(7) DenseNet 模型

对 ResNet 来说，由于其通过额外的全等变换显式地保留信息，因此许多层可能贡献很少，甚至没有贡献。为了解决此问题，Gao 等在 2016 年进一步提出稠密连接卷积网络(densely connected convolutional network，DenseNet)。DenseNet 使用另一种方式实现跨层的连接。在 DenseNet 网络结构中，每一层都与其他各层有连接关系，并且可以达到上百层的深度。DenseNet 不仅可以减轻较深网络结构训练时的梯度消失问题，增强特征之间的信息交互，还可以有效地减少模型参数。DenseNet 在一些经典的识别任务数据集上都得到很好的效果。

DenseNet 每一层的输入都是前面所有层输出的拼接。这样可能带来的问题是，后面层的特征维度会变得非常高。为解决这个问题，主要考虑两个方面。

① 利用卷积栈的想法，将网络分解为若干个稠密连接卷积块。在一个稠密块中，各层的尺度一样，通过控制每个块的层数，可以控制不产生维度爆炸。

② 控制增长率。不同于其他经典方法中的卷积层，DenseNet 每一个卷积层

的特征方向维度都代表增长率。为了不使参数急剧增加，增长率的取值一般很小(取 32)。

为了进一步减小参数，Gao 等还提出利用 1×1 的卷积构造瓶颈结构层。具体来说，在每一层的输入使用 1×1 卷积对维度进行缩减。另外，也可以在转移层中通过控制其输出减小参数。DenseNet 最显著的特点是，在保持精度的同时，可以大大减少所需的参数来提高参数效率。

2.2.3　目标分类模型的发展方向

随着深度学习模型的引入，目标分类任务取得了较大的进展，但是如何进一步提升分类模型能力值得思考。下面简单介绍分类模型的发展方向。

1. 模型的特征选择和增强

CNN 在目标检测、分类和分割任务中取得较好效果，与其具备多层学习和自动特征提取的能力密不可分，因此围绕特征选择和模型增强展开研究是重要方向之一。

挤压和激活网络(squeeze and excitation network，SE-Network)[55]是一种比较有代表性的特征选择网络。该网络提出一种新模块，称为 SE-block。SE-block 的主要思路是抑制不重要的特征图，给与类别相关的特征图分配较高的权重。SE-block 是一种以通用方式设计的处理单元，因此可以在 CNN 的任意卷积层之前添加。在 CNN 中，卷积核可以描述局部信息，但是它忽略了感受野内外特征的上下文关系。为了获得特征图的全局信息，压缩模块通过压缩卷积输入的空间信息生成特征图的统计信息。

CMPE-SE 网络[56]在 SE-Network 的基础上，改善深度残差网络的学习。SE-Network 根据特征图对分类的贡献重新校准特征图。然而，对于 SE-Network 来讲，ResNet 仅考虑残差信息来确定每个通道的权重。这种操作方式使 SE-block 的影响降至最低，并使 ResNet 的部分信息变得多余。CMPE-SE 网络根据残差和全等映射的特征图生成合理的统计信息来解决此问题。在这种情况下，全局平均池化操作可以用来生成特征图的全局表示，特征图的相关性可以通过建立基于残差和全等映射的描述子之间的竞争来估计。

现阶段的 CNN 可以看作一个有效的特征学习器，能根据问题自动提取具有判别性的特征[57]。但是，CNN 的学习依赖输入表达，缺乏多样性和类别可区分的输入信息可能影响 CNN 的性能。通过使用辅助学习器来增强网络的表达能力，通道增强 (channel boosting) 的概念被引入 CNN。文献 [58] 提出通道增强的CNN(channel boosted CNN，CB-CNN)。其思想在于增加输入通道的数量来提高网络的表达能力。

2. 模型中的注意力机制研究

不同层级的抽象知识会对深度神经网络的判别能力起到重要作用。在学习多层级的抽象知识之外，关注上下文相关的特征也在目标分类中起着重要作用。在人类视觉系统中，当人们的视线扫过场景时，会注意到与上下文相关的部分内容，从而有助于更好地捕获视觉结构。这一现象也称为注意力机制。递归神经网络，如循环神经网络(recurrent neural network，RNN)、长短期记忆(long short term memory，LSTM)网络等，或多或少都具有与上述机制类似的可解释性。RNN 和 LSTM 网络利用注意力模块生成序列化的数据，新数据的权重分配往往取决于之前的迭代过程。受上述机制和模型的启发，注意力机制的概念同样也被研究人员引入 CNN，用于提升网络表达能力的同时克服计算资源限制，这有助于从复杂的背景中有效识别物体。

在基于注意力机制的深度模型中，比较有代表性的是一种用于提升特征表达能力的残差注意力机制网络(residual attention network，RAN)[59]。RAN 模块本质上属于前馈 CNN，由残差模块与注意力机制模块堆叠而成。注意力机制模块分为主干分支和掩模分支，分别采用自下而上和自上而下的学习策略。通过将两种不同的学习策略集成到注意力机制模块中，使在单个前馈过程中同时进行快速前馈处理和自上而下的注意力反馈成为可能。自下而上的前馈结构会产生具有较强语义信息的低分辨率特征图。自上而下的体系结构会产生稠密特征，以便对每个像素进行推断。与 RBM 学习策略[60]类似，文献[61]采用自上而下的学习策略全局优化整个网络。

转换网络(transformation network)[62,63]通过一种简单的方式将注意力机制引入卷积模块。通过堆叠多层注意力模块，RAN 能够有效地识别混乱、复杂和存在噪声的图像。RAN 的多层级结构使其具备根据每个特征图在各层中的相关性，为每个特征图自适应地分配权重的能力。残差单元可以有效支持深层次结构的学习。在此基础上，包括混合注意力机制、通道注意力机制和空间注意力机制在内的注意力机制也被提出，可以更好地描述不同层级物体感知特征的能力。

注意力机制和特征图的重要性已经在 RAN 和 SE-Network 上得到验证。在此基础上，文献[64]也提出一种基于注意力机制的卷积模块注意力模组(convolutional block attention module，CBAM)。CBAM 设计的思想类似于 SE-Network。需要指出的是，SE-Network 仅考虑特征图在图像分类中的作用，忽略了图像中物体的局部空间位置。CBAM 首先使用特征图通道注意力机制，然后使用空间注意力机制依次推断注意力图，进而获得改进的特征图。通常情况下，可以使用 1×1 卷积和池化操作实现空间注意力机制的计算。CBAM 将平均池化与最大池化拼接在一起，生成强大的空间注意力特征图。这一方式同样可以用于特征图统计的建模。文献指出，最大池化可以提供目标特征的判别信息，全局平均池化可以得到特征图注意力的次优推断，利用平均池化和最大池化可提高网络的表达能力。由于 CBAM 的简单性，它可以比较容易地嵌入任意 CNN 之中。

3. 模型的加速和轻量化

自 2012 年 AlexNet 诞生以来，CNN 在图像视频分类、检测等领域获得广泛应用，越来越多性能更优越的网络纷纷被提出。为了获得更高的精度，网络层数不断增加，结构的设计越来越复杂，导致 CNN 在计算速度方面不再占据优势。

在模型方面，传统 CNN 拥有大量参数，保存这些参数对设备的存储空间提出了较高的要求。在模型速度方面，大量应用对计算速度也提出了较高的要求。为了满足实际应用的需求，一是着力于提升存储计算硬件设备的性能；二是降低网络本身的计算复杂度。当前，移动和嵌入式设备大量普及，如机器人、自动驾驶汽车和手机等，这些移动设备的存储空间和处理器性能往往有限。因此，如何设计、调整深度神经网络结构使其在准确度、尺寸和速度之间实现最佳平衡也成为目标分类领域的一个重要研究方向。

为了解决上述问题，对现有的 CNN 模型进行压缩、减少网络参数、降低模型的计算复杂度是常用的做法，大致可以分为网络修剪[65]、低秩分解[66]、网络量化[67,68]、知识蒸馏[69]。其核心思想是使用大型深度网络训练出紧凑的小规模神经网络模型，即将大型网络的知识迁移至紧凑模型中。

这些方法可以有效地将现有的神经网络压缩成较小的网络。它们的性能很大程度上依赖预先训练的网络模型。

除了对现有的网络模型进行压缩，如何设计新的轻量化网络结构用于 CNN 模型得到越来越多关注，在参数量减少、速度提升的同时，依然保持较高的精度。其中，比较有代表性的包括 SqueezeNet[70,71]、MobileNet[72,73]和 ShuffleNet[74,75]等。轻量化网络模型的核心在于，在不损失网络性能的前提下，设计特殊的结构化运算核或紧凑计算单元，减少网络的计算量和参数量。

2.3　小样本目标识别

本节介绍目标分类和识别任务中的热点研究方向，即小样本目标识别、RGB-D 目标识别和细粒度目标识别。

2.3.1 问题介绍

人类可以利用自身经验，借助过往学习的知识，在没有充足训练样本的情况下，或者训练图片标注不完整的情况下，快速完成对新类别、新知识的学习推理。本书中小样本包括测试类别的训练样本完全缺失；部分或全部测试类别只有少量的训练样本，同时这些训练样本具有完整的标注；部分或全部测试类别的训练样本标注信息粗糙、不完整。我们把这种利用小样本数据完成学习任务的工作称为小样本学习。研究小样本学习问题可以使学习模型摆脱对大规模数据库的依赖，进一步探索如何使计算机具备类人思考能力。

小样本学习涵盖范围广泛，应用场景多样，如目标分类、目标检测等。在不同的应用场景中，小样本学习的实验设定也不尽相同。本书根据训练样本的数量及其标注质量，对学习模型进行归纳。目标分类任务中小样本学习与监督学习实验设定的对比如图 2.6 所示。传统监督学习训练需要大量的训练样本，同时训练样本需要高质量的完整标注，对应图中曲线右侧区域。小样本学习的三种设定，分别对应曲线左侧三个区域。部分或全部测试类别只有少量训练样本可供使用，同时这些训练样本中的标注是完整的。根据训练样本数目的不同，又可以进一步细分为单样本学习(测试类别只有一个训练样本可用)、少样本学习(测试类别一般有 3～5 个训练样本)、半监督分类(相较于监督学习，一般提供 5%～10%的训练样本)。部分或全部测试类别的训练样本标注信息粗糙、不完整。当全部测试类别样本训练标注信息不完整时，小样本学习即弱监督检测。当只有部分测试类别的训练样本标注不完整时，小样本学习对应半监督检测和混合监督检测。在三种实验设定中，第一种和第二种实验设定属于目标分类的范畴，第三种实验设定属于目标检测问题的范畴。

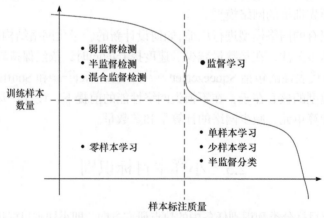

图 2.6　目标分类任务中小样本学习与监督学习实验设定的对比

2.3.2　代表性方法

由于小样本学习应用的广泛性,针对不同应用中的具体问题,小样本学习有不同的处理方法和研究技巧。传统的机器学习通过使用大量标注数据,按照一定的评测指标,提升学习模型在特定任务中的实验性能。由于数据量的缺失,小样本学习无法直接从小样本数据中学习到足够好的机器学习模型。

针对这样的问题,一种最直接的研究思路就是聚焦于数据层面,使用数据扩充的方法直接从小样本数据本身产生大量的虚拟数据,然后使用虚拟数据按照传统监督学习的方式进行训练。数据扩充的方法可以应用到各种小样本任务中,如零样本学习任务,利用产生式模型[76]从测试类别的辅助信息表达中直接产生测试类别的训练样本,进而在测试类别上按照标准监督学习的方式进行学习[77]。在半监督分类任务中,利用产生式模型从少量标注样本中学习每个类别模拟的数据分布,然后按照模拟数据分布,针对每个类别产生大量样本进行训练[78]。另一种数据扩充的方案是借助课程学习/自步学习[79]的思想,首先使用少量标注样本得到初始模型,利用初始模型给所有无标注图片打伪标签,然后把打上伪标签后的图片与标注样本一起进行模型训练。通过伪标签的方式使无标注图片转化为标注图片的过程,可以看作数据增广的一种类型。

传统监督学习的目标是,直接学习对应任务的识别模型本身,如对零样本学习,就是直接学习测试类别的分类器,对于混合监督检测,就是要学习测试类别的检测器。这些识别模型针对特定类别,训练过程需要特定类别的标注数据,而小样本学习针对这些类别又恰恰缺少足够的标注数据。一种小样本学习的研究思路是,聚焦于模型层面,或者说学习算法层面,即不直接学习特定类别的算法模型,而是学习一些和类别没有直接关联的任务,并且这些任务对最终的小样本识别目标是有帮助的。这种符合要求的任务称为元任务,相应的小样本学习方法也称元任务学习方法。

元任务学习在其他小样本任务中也有广泛的应用。例如,在零样本学习中,为了实现对未见类别的学习,元任务就是学习一个类别无关的视觉-语义投影[80],建立一个鲁棒的类别图片样本到类别语意表达的连接关系。在单样本/少样本学习中,常见的元任务是指可以直接用于模型参数更新的任务。例如,学习用于快速更新的初始化参数[81],或者直接学习某一层网络对应的参数[82]。在混合监督检测任务中,元任务一般指学习对检测有帮助的知识,例如学习分类器-检测器差异[83],或者学习一般的物体性知识。

2.4　RGB-D 目标识别

2.4.1　问题介绍

早期的计算机视觉研究立足于二维图像是三维世界投影的这一基本思想,将二维图像映射到三维空间后,对物体的表观和形状等信息进行描述和表达。Kanade 等[84]通过构建二维图像到三维空间中平面、平行线、斜对称等几何信息之间的假设关系重构三维物体。Barrow 等[85]将二维图像中的纹理、表观信息和三维空间的几何、立体视觉信息结合起来用于视觉语义理解。由于二维图像到三维空间的映射具有不确定性,而且三维空间物体的建模也非常复杂,因此早期的计算机视觉理论并不能很好地解决实际的视觉任务。现代计算机视觉直接从二维图像模式本身出发,利用统计学习和机器学习的方法研究视觉语义理解问题,并在目标分类、检测、场景分割、行为识别等任务中取得成功。但是,仅利用二维图像的视觉方法无法获得对目标全面、有效的数据,因此很难处理更复杂的场景,如遮挡、视角、光线变化带来的目标识别的不鲁棒性。

如何进一步利用三维空间模型提升视觉算法的精确度与鲁棒性,是视频分析领域不断研究的问题。2010 年,微软公布的新一代消费级别的深度传感器 Kinect 成为研究者手中的一把"利剑"。Kinect 能够同时捕捉到高分辨率的 RGB 图像和高质量的深度图像来描述同一个场景。相比于 RGB 图像提供的丰富的颜色、表观和纹理信息,深度图像能够描述更加纯粹的三维空间信息,如距离、尺度、几何形状等。不同于早期的计算机视觉利用二维图像解析不确定的三维空间信息,深度图像直接通过红外传感器采集得到,能更加真实、可靠地表征外部三维世界,并且对可见光的变化具有很强的抗干扰性。因此,有效地融合 RGB 和深度信息(记为 RGB-D)来解决视觉语义理解问题成为视觉研究的新热点。

利用新型深度传感技术,视觉研究者开始大量构建 RGB-D 数据库来重新研究或者定义几乎所有的计算机视觉任务,如目标识别[86]、跟踪[87]、在线地图构建和定位[88]、三维重建[89]等。在这些任务中,目标识别一直是最基本、最关键的任务。其性能的好坏直接影响许多高层语义理解任务,如场景解析、行为识别等。从实际应用来看,目标识别在"智能+"时代扮演着重要角色,如广泛应用于行人再识别、安防监控、智能家居、服务型机器人、无人驾驶、虚拟现实、人机交互等任务。因此,基于 RGB-D 图像的目标识别研究具有很强的理论及应用价值。RGB-D 目标识别任务示意图如图 2.7 所示。

图 2.7　RGB-D 目标识别任务示意图

2.4.2　代表性方法

相比传统的基于 RGB 或者深度(depth)单模态的目标识别，RGB-D 目标识别则是一个典型的多模态分类问题。根据 RGB 和 depth 融合层次的不同，本书将现有的算法分为数据层融合、特征层融合、度量层融合，以及分类器层融合。RGB-D 目标识别整体框架示意图如图 2.8 所示。

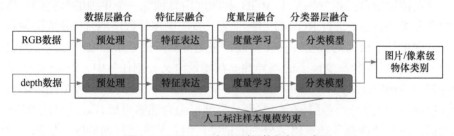

图 2.8　RGB-D 目标识别整体框架示意图

(1) 数据层融合

数据层融合是指将成对的 RGB 和 depth 模态拼接起来组成多通道的数据，进行目标特征提取。Blum 等[90]直接将 RGB 和 depth 拼接成四通道的图片来提取特征。Couprie 等[91]将 RGB 和 depth 拼接成四通道的图片作为多尺度 CNN 的输入，用于场景语义分割任务。除了直接拼接，有研究者先将 depth 投影成 3D 点云，然后用 RGB 对点云空间中的每个点进行染色，最后在此三维视觉空间中进行特征提取[92]。由于 RGB 和 depth 是通过不同的传感器采集得到的，并且分别用来捕捉目标的不同特性，因此基于数据层面的融合很容易受到模态差异性的干扰，造成特征表达的不鲁棒。

(2) 特征层融合

特征层融合是指对 RGB 和 depth 分别进行特征提取，然后将两种特征拼接起来作为目标的特征表达。这种融合方式比较简单，能够较好地保持每种模态的特性，也是较为常用的融合方法[93]。但是，特征层面的融合依然存在一些问题，例如不同模态的特征存在量纲上的差异，需要选用合适的归一化操作；特征拼接后维度较高，对分类器模型的训练要求很高；特征直接拼接没有考虑 RGB 和 depth 这两个模态在区分目标类别时的重要性。对于不同类别的目标，这两个模态所起的作用是动态可变的。例如，在识别颜色多变而形状较为稳定的咖啡杯时，我们会比较重视 depth；识别挂在墙上的相框时，我们只能依靠 RGB，因为 depth 无法区分墙壁和相框。

(3) 度量层融合

度量层融合是指将 RGB 和深度特征提取之后，通过度量学习将不同的特征融合在一起，度量目标之间的相似性。度量学习能够有效地学习不同模态的特征对不同目标类别的重要性。在传统的距离度量学习[94]的基础上，Lai 等[95]提出一种距离度量，在度量两个目标之间的相似度时，不仅考虑不同模态特征的权重，还考虑目标不同视角的重要性，能够更加有效地提升 RGB-D 目标识别的准确度和鲁棒性。

(4) 分类器层融合

分类器层融合是指分别基于 RGB 和深度信息训练一个单独的分类器，然后将两个分类器融合，进行 RGB-D 目标识别，通常也称分数层融合。分数层融合能够充分保留各个模态的独立性和互补性，避免特征拼接带来的维度过高，而且能有效地跨越 RGB 和深度模态的差异性。在场景语义分割任务中，Long 等[96]基于全卷积神经网络(fully convolutional neural networks, FCN)分别比较数据层融合、特征层融合，以及分类器层融合，发现分类器层融合能够更加有效地利用 RGB 和深度信息的互补性提升场景语义分割的精度，但是分类器层面的融合依然采用固定权重的分数加和策略，无法有效地适应 RGB 和深度信息在描述不同场景中各类目标时贡献程度的差异性。

2.5 细粒度目标识别

2.5.1 问题介绍

在传统计算机视觉研究中，分类的目标通常是"猫""狗"等传统意义上的类别。在某些场景下，分类对象往往来自某一传统类别下更细粒度级别的子类，如不同种类的狗，"哈士奇""金毛"等，不同种类的鸟，"杜鹃""喜鹊"等。细粒度级别的目标分类主要对类别间差异较小的图像数据进行识别和检索。由于不同子类之间的生物特征差异较小，因此类间差异较小。由于光照、姿态背景等差异，不同样本间的图像特征存在较大的差异，导致类内差异较大；由于细粒度的图像通常需要专家的标注，因此很难构建大型的训练数据集。这些问题导致模型过拟合并产生错误。

作为基于语义描述的行人检索的核心技术，监控场景下的行人属性识别是典型的细粒度识别任务，也得到越来越多研究者的关注。行人属性识别的基本任务是给定一张监控摄像机捕捉到的已经裁剪好的行人图像，通过计算机视觉与模式识别方法判断图像中有没有预定义的行人属性，如性别、衣服类型、背包等。监控视频下的行人属性示例如图 2.9 所示。通过对数据库中的行人打上各种人工定义的属性，在检索的时候，就可以通过输入一些语义属性描述查询符合这些语义描述的行人图像。行人属性识别在智能视频监控系统中有较大应用价值，特别是对犯罪嫌疑人的检索。例如，缺失犯罪嫌疑人的具体图像，而只有其性别和衣着服饰等信息时，通过属性识别技术，搜索具有相同属性的人，过滤大量的候选集，可以加快对目标嫌疑人的搜索。

图 2.9　监控视频下的行人属性示例

2.5.2　代表性方法

行人属性识别是细粒度分类问题，目标是区分给定行人图像中是不是含有某一属性。早期的行人属性识别都是基于手工设计的特征，之后进行特征选择和分类器训练。考虑监控场景下的复杂性，手工设计的特征很难应对监控场景下的各种挑战。深度学习技术作为一种端到端的特征和分类器学习的 CNN，在行人属性识别领域得到快速发展。

基于深度学习的行人属性识别模型主要分为三类，即基于深度学习的行人属性识别模型、基于属性和图像空间位置关系的行人属性识别模型、基于属性和属性关系的行人属性识别模型。

(1) 基于深度学习的行人属性识别模型

早期的工作简单的把特征表达和分类器放到一起学习，如深度多属性识别模型[97]、属性卷积网络[98]。如图 2.10 所示，模型通过一个 CNN 学习属性共享的特征表达，对每一个属性分别学习其独有的特征，并进行属性识别。

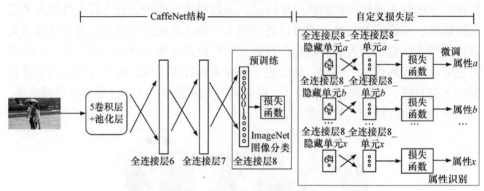

图 2.10　基于深度学习的行人属性识别模型示意图

(2) 基于属性和图像空间位置关系的行人属性识别模型

行人属性通常与其所在的空间位置是有关联的。按照属性在图像区域的位置，行人属性可以分为全局相关的属性和局部区域相关的属性。全局相关的属性通常可以根据全身的表观来判断，例如女性可以通过长发、裙子、高跟鞋等进行识别。局部区域相关的属性通常只和整幅图像的一部分区域相关，例如戴眼镜只和头部区域相关、背包和上半身区域相关、鞋子类型和脚部区域相关。Liu 等[99]提出 HydraPlus-Net，通过在 CNN 的不同层学习注意力模型，把这些注意力模型用在不同层的特征图上，更好地捕捉不同层次的特征表达，提升属性识别的效果。

(3) 基于属性和属性关系的行人属性识别模型

属性和属性之间通常存在一定的隐含关系，例如女性和裙子之间的共生关系、男性和长发的互斥关系、不同属性之间隐藏的高阶关系等。如何建模属性和属性之间的关系，也得到不少属性识别研究者的关注。通过关系学习，能够对属性识别结果起到正则作用，在一定程度上提升属性识别结果。关系学习在相关的视觉任务中得到广泛研究，如图像描述[100]、图像句子匹配[101]。基于关系学习进行属性识别的部分工作也是从这些领域借鉴而来的。Wang 等[102]提出同时递归学习上下文和相关关系的属性识别网络。该网络有 3 个部分。第一个是不同行人之间的相似度上下文，也就是特征相似的行人，大概率拥有相似的属性。第二个是行人内部的属性上下文，也就是通过建模行人自上而下的空间结构反映不同区域的属性信息。第三个是属性之间的关系建模，也就是通过一个递归神经网络建模不同属性之间的关系。

2.6　小　　结

本章对目标分类和识别的任务分类、发展脉络、代表性方法进行介绍，回顾了目标分类发展的基本理论，并从传统目标分类和深度学习分类模型的角度介绍相关典型方法和模型，指出相关方法的思路、特点及存在的问题。同时，本章给出 3 个热门的目标分类和识别研究方向，即小样本目标识别、RGB-D 目标识别、细粒度目标识别。

参 考 文 献

[1] Marr D, Vision A. A Computational Investigation into the Human Representation and Processing of Visual Information. San Francisco: Freeman and Company, 1982.

[2] Marr D. Representing visual information: A computational approach. Lectures on Mathematics in the Life Science, 1978, 10: 61-80.

[3] Flynn P J, Jain A K. BONSAI: 3D object recognition using constrained search. IEEE Transactions on Pattern Analysis and Machine Intelligence, 1991, 13(10): 1066-1075.

[4] Cyr C M, Kimia B B. 3D object recognition using shape similarity-based aspect graph//Proceedings Eighth IEEE International Conference on Computer Vision, 2001: 254-261.

[5] Shimshoni I, Ponce J. Probabilistic 3D object recognition. International Journal of Computer Vision, 2000, 36(1): 51-70.

[6] Treisman A M, Gelade G. A feature-integration theory of attention. Cognitive Psychology, 1980, 12(1): 97-136.

[7] Itti L, Koch C, Niebur E. A model of saliency-based visual attention for rapid scene analysis. IEEE Transactions on Pattern Analysis and Machine Intelligence, 1998, 20(11): 1254-1259.

[8] Itti L, Baldi P. Bayesian surprise attracts human attention. Vision Research, 2009, 49 (10): 1295-1306.

[9] 龙甫荟, 郑南宁. 一种引入注意机制的视觉计算模型. 中国图像图形学报, 1998, (7): 62-65.

[10] 张鹏, 王润生. 由底向上视觉注意中的层次性数据竞争. 计算机辅助设计与图形学学报, 2005, (8): 1667-1672.

[11] McClelland J L, Rumelhart D E. An interactive activation model of context effects in letter perception: I. An account of basic findings. Psychological Review, 1981, 88(5): 375.

[12] Zorzi M, Houghton G, Butterworth B. Two routes or one in reading aloud? A connectionist dual-process model. Journal of Experimental Psychology: Human Perception and Performance, 1998, 24(4): 1131-1161.

[13] Biederman I. Recognition-by-components: A theory of human image understanding. Psychological Review, 1987, 94(2): 115-147.

[14] Li F F, Rob F, Antonio T. Recognizing and learning object categories. https: //people. csail. mit. edu/torralba/shortCourseRLOC/[2022-12-23].

[15] Sudderth E B, Torralba A, Freeman W T, et al. Learning hierarchical models of scenes, objects, and parts//The Tenth IEEE International Conference on Computer Vision, 2005: 1331-1338.

[16] Lazebnik S, Schmid C, Ponce J. Beyond bags of features: Spatial pyramid matching for recognizing natural scene categories//2006 IEEE Computer Society Conference on Computer Vision and Pattern Recognition, 2006: 2169-2178.

[17] Koffka K. Principles of Gestalt Psychology. London: Routledge, 2013.

[18] Bileschi S, Wolf L.Image representations beyond histograms of gradients: The role of Gestalt descriptors//2007 IEEE Conference on Computer Vision and Pattern Recognition, 2007: 1-8.

[19] Zhu S C. Embedding Gestalt laws in Markov random fields. IEEE Transactions on Pattern Analysis and Machine Intelligence, 1999, 21(11): 1170-1187.

[20] Chen L. Topological structure in visual perception. Science, 1982, 218(4573): 699-700.

[21] Zhuo Y, Zhou T G, Rao H Y, et al. Contributions of the visual ventral pathway to long-range apparent motion. Science, 2003, 299(5605): 417-420.

[22] Klein F. A comparative review of recent researches in geometry. Bulletin of the American Mathematical Society, 1893, 2(10): 215-249.

[23] 黄凯奇, 任伟强, 谭铁牛. 图像物体分类与检测算法综述. 计算机学报, 2014, 37(6): 1225-1240.

[24] Krizhevsky A, Sutskever I, Hinton G E. ImageNet classification with deep convolutional neural networks//Proceedings of the 25th International Conference on Neural Information Processing Systems, 2012: 1097-1105.

[25] Lewis D D. Naive (Bayes) at forty: The independence assumption in information retrieval// European Conference on Machine Learning, 1998: 4-15.

[26] Csurka G, Dance C, Fan L, et al. Visual categorization with bags of keypoints//Workshop on Statistical Learning in Computer Vision, 2004: 1-2.

[27] Lowe D G. Distinctive image features from scale-invariant keypoints. International Journal of Computer Vision, 2004, 60(2): 91-110.

[28] Dalal N, Triggs B. Histograms of oriented gradients for human detection//2005 IEEE Computer Society Conference on Computer Vision and Pattern Recognition, 2005: 886-893.

[29] Ojala T, Pietikainen M, Maenpaa T. Multiresolution gray-scale and rotation invariant texture classification with local binary patterns. IEEE Transactions on Pattern Analysis and Machine Intelligence, 2002, 24(7): 971-987.

[30] Sivic J, Zisserman A. Video Google: A text retrieval approach to object matching in videos// IEEE International Conference on Computer Vision, 2003: 1470.

[31] Gemert J C, Geusebroek J M, Veenman C J, et al. Kernel codebooks for scene categorization// European Conference on Computer Vision, 2008: 696-709.

[32] Olshausen B A, Field D J. Sparse coding with an overcomplete basis set: A strategy employed by

V1. Vision Research, 1997, 37(23): 3311-3325.

[33] Wang J, Yang J, Yu K, et al. Locality-constrained linear coding for image classification//2010 IEEE Computer Society Conference on Computer Vision and Pattern Recognition, 2010: 3360-3367.

[34] Huang Y, Huang K, Yu Y, et al. Salient coding for image classification//CVPR 2011, 2011: 1753-1760.

[35] Perronnin F, Sánchez J, Mensink T. Improving the fisher kernel for large-scale image classification// European Conference on Computer Vision, 2010: 143-156.

[36] Hearst M A, Dumais S T, Osuna E, et al. Support vector machines. IEEE Intelligent Systems and Their Applications, 1998, 13(4): 18-28.

[37] Keller J M, Gray M R, Givens J A. A fuzzy k-nearest neighbor algorithm. IEEE Transactions on Systems, Man, and Cybernetics, 1985(4): 580-585.

[38] Freund Y, Iyer R, Schapire R E, et al. An efficient boosting algorithm for combining preferences. Journal of Machine Learning Research, 2003, 4: 933-969.

[39] Freund Y, Mason L. The alternating decision tree learning algorithm//Proceedings of the 16th International Conference on Machine Learning, 1999: 124-133.

[40] Yang J, Yu K, Gong Y, et al. Linear spatial pyramid matching using sparse coding for image classification//2009 IEEE Conference on Computer Vision and Pattern Recognition, 2009: 1794-1801.

[41] Wang C, Huang K. How to use bag-of-words model better for image classification. Image and Vision Computing, 2015, 38: 65-74.

[42] Rumelhart D E, Hinton G E, Williams R J. Learning representations by back-propagating errors. Nature, 1986, 323(6088): 533-536.

[43] Hinton G E, Salakhutdinov R R. Reducing the dimensionality of data with neural networks. Science, 2006, 313(5786): 504-507.

[44] Bengio Y, Lamblin P, Popovici D, et al. Greedy layer-wise training of deep networks//Proceedings of the 19th International Conference on Neural Information Processing Systems, 2006: 153-160.

[45] Deng J, Dong W, Socher R, et al. Imagenet: A large-scale hierarchical image database//2009 IEEE Conference on Computer Vision and Pattern Recognition, 2009: 248-255.

[46] Bourlard H, Kamp Y. Auto-association by multilayer perceptrons and singular value decomposition. Biological Cybernetics, 1988, 59(4): 291-294.

[47] Smolensky P. Information processing in dynamical systems: Foundations of harmony theory. Boulder: Colorado University, 1986.

[48] Hinton G E, Osindero S, Teh Y W. A fast learning algorithm for deep belief nets. Neural Computation, 2006, 18(7): 1527-1554.

[49] LeCun Y, Bottou L, Bengio Y, et al. Gradient-based learning applied to document recognition. Proceedings of the IEEE, 1998, 86(11): 2278-2324.

[50] Lin M, Chen Q, Yan S. Network in network. https://arXiv.org/pdf/1312.4400.pdf[2014-12-22].

[51] Simonyan K, Zisserman A. Very deep convolutional networks for large-scale image recognition// International Conference on Learning Representations. Computational and Biological Learning

Society, 2015:189-197.

[52] Szegedy C, Liu W, Jia Y, et al. Going deeper with convolutions//Proceedings of the IEEE Conference on Computer Vision and Pattern Recognition,2015: 1-9.

[53] He K, Zhang X, Ren S, et al. Deep residual learning for image recognition//Proceedings of the IEEE Conference on Computer Vision and Pattern Recognition, 2016: 770-778.

[54] Huang G, Liu Z, van der Maaten L, et al. Densely connected convolutional networks//Proceedings of the IEEE Conference on Computer Vision and Pattern Recognition, 2017: 4700-4708.

[55] Hu J, Shen L, Sun G. Squeeze-and-excitation networks//Proceedings of the IEEE Conference on Computer Vision and Pattern Recognition, 2018: 7132-7141.

[56] Hu Y, Wen G, Luo M, et al. Competitive inner-imaging squeeze and excitation for residual network. http://arXiv.org/abs/1807.08920v2[2018-10-20].

[57] Oquab M, Bottou L, Laptev I, et al. Learning and transferring mid-level image representations using convolutional neural networks//Proceedings of the IEEE Conference on Computer Vision and Pattern Recognition, 2014: 1717-1724.

[58] Khan A, Sohail A, Ali A. A new channel boosted convolutional neural network using transfer learning. http://arXiv.org/abs/1804.08528v2[2018-12-12].

[59] Wang F, Jiang M, Qian C, et al. Residual attention network for image classification//Proceedings of the IEEE Conference on Computer Vision and Pattern Recognition, 2017: 3156-3164.

[60] Salakhutdinov R, Larochelle H. Efficient learning of deep Boltzmann machines//Proceedings of the 13h International Conference on Artificial Intelligence and Statistics, 2010: 693-700.

[61] Goh H, Thome N, Cord M, et al. Top-down regularization of deep belief networks//Advances in Neural Information Processing Systems, 2013: 1878-1886.

[62] Jaderberg M, Simonyan K, Zisserman A, et al. Spatial transformer networks//Proceedings of the 28th International Conference on Neural Information Processing Systems, 2015: 2017-2025.

[63] Li X, Bing L, Lam W, et al. Transformation networks for target-oriented sentiment classification//Proceedings of the 56th Annual Meeting of the Association for Computational Linguistics, 2018: 946-956.

[64] Woo S, Park J, Lee J Y, et al. Cbam: Convolutional block attention module//Proceedings of the European Conference on Computer Vision, 2018: 3-19.

[65] Mao H, Han S, Pool J, et al. Exploring the regularity of sparse structure in convolutional neural networks. http://arXiv.org/abs/1705.08922H[2017-3-19].

[66] Lebedev V, Ganin Y, Rakhuba M, et al. Speeding-up convolutional neural networks using fine-tuned cp-decomposition//International Conference on Learning Representations, 2014:1-13.

[67] Wu J, Leng C, Wang Y, et al. Quantized convolutional neural networks for mobile devices//Proceedings of the IEEE Conference on Computer Vision and Pattern Recognition, 2016: 4820-4828.

[68] Hu Q, Wang P, Cheng J. From hashing to CNNs: Training binary weight networks via hashing//Proceedings of the AAAI Conference on Artificial Intelligence, 2018, 32-33.

[69] Komodakis N, Zagoruyko S. Paying more attention to attention: Improving the performance of convolutional neural networks via attention transfer//International Conference on Learning

Representations, 2017:1-10.

[70] Iandola F N, Han S, Moskewicz M W, et al. SqueezeNet: AlexNet-level accuracy with 50x fewer parameters and < 0.5MB model size. http://arXiv.org/abs/1602.07360[2018-9-2].

[71] Gholami A, Kwon K, Wu B, et al. SqueezeNext:Hardware-aware neural network design// Proceedings of the IEEE Conference on Computer Vision and Pattern Recognition Workshops, 2018: 1638-1647.

[72] Howard A G, Zhu M, Chen B, et al. MobileNets: Efficient convolutional neural networks for mobile vision applications. http://arXiv.org/pdf/1704.04861.pdf[2017-9-12].

[73] Sandler M, Howard A, Zhu M, et al. MobileNet V2: Inverted residuals and linear bottlenecks// Proceedings of the IEEE Conference on Computer Vision and Pattern Recognition, 2018: 4510-4520.

[74] Zhang X, Zhou X, Lin M, et al. ShuffleNet: An extremely efficient convolutional neural network for mobile devices//Proceedings of the IEEE Conference on Computer Vision and Pattern Recognition, 2018: 6848-6856.

[75] Ma N, Zhang X, Zheng H T, et al. ShuffleNet V 2: Practical guidelines for efficient CNN architecture design//Proceedings of the European Conference on Computer Vision, 2018: 116-131.

[76] Goodfellow I, Pouget-Abadie J, Mirza M, et al. Generative adversarial networks. Communications of the ACM, 2020, 63(11): 139-144.

[77] Chen L, Zhang H, Xiao J, et al. Zero-shot visual recognition using semantics-preserving adversarial embedding networks//Proceedings of the IEEE Conference on Computer Vision and Pattern Recognition, 2018: 1043-1052.

[78] Kingma D P, Rezende D J, Mohamed S, et al. Semi-supervised learning with deep generative models//Proceedings of the 27th International Conference on Neural Information Processing Systems, 2014: 3581-3589.

[79] Bengio Y, Louradour J, Collobert R, et al. Curriculum learning//Proceedings of the 26th Annual International Conference on Machine Learning, 2009: 41-48.

[80] Akata Z, Perronnin F, Harchaoui Z, et al. Label-embedding for image classification. IEEE Transactions on Pattern Analysis and Machine Intelligence, 2015, 38(7): 1425-1438.

[81] Finn C, Abbeel P, Levine S. Model-agnostic meta-learning for fast adaptation of deep networks// International Conference on Machine Learning, 2017: 1126-1135.

[82] Wang J X, Kurth-Nelson Z, Tirumala D, et al. Learning to reinforcement learn.arXiv preprint arXiv:1611.05763, 2016.

[83] Hoffman J, Guadarrama S, Tzeng E, et al. LSDA: Large scale detection through adaptation// Proceedings of the 27th International Conference on Neural Information Processing Systems, 2014: 3536-3544.

[84] Kanade T. Recovery of the three-dimensional shape of an object from a single view. Artificial Intelligence, 1981, 17(1-3): 409-460.

[85] Barrow H G, Tenenbaum J M. Interpreting line drawings as three-dimensional surfaces. Artificial Intelligence, 1981, 17(1-3): 75-116.

[86] Lai K, Bo L, Ren X, et al. A large-scale hierarchical multi-view RGB-D object dataset//2011 IEEE

International Conference on Robotics and Automation, 2011:1817-1824.

[87] Song S, Xiao J. Tracking revisited using RGBD camera: Unified benchmark and baselines// Proceedings of the IEEE International Conference on Computer Vision, 2013: 233-240.

[88] Shotton J, Glocker B, Zach C, et al. Scene coordinate regression forests for camera relocalization in RGB-D images//Proceedings of the IEEE Conference on Computer Vision and Pattern Recognition, 2013: 2930-2937.

[89] Zollhöfer M, Dai A, Innmann M, et al. Shading-based refinement on volumetric signed distance functions. ACM Transactions on Graphics, 2015, 34(4): 1-14.

[90] Blum M, Springenberg J T, Wülfing J, et al. A learned feature descriptor for object recognition in RGB-D data//2012 IEEE International Conference on Robotics and Automation, 2012: 1298-1303.

[91] Couprie C, Farabet C, Najman L, et al. Indoor semantic segmentation using depth information. https://arXiv.org/abs/1301.3572[2020-3-2].

[92] Huhle B, Magnusson M, Straßer W, et al. Registration of colored 3D point clouds with a kernel-based extension to the normal distributions transform//2008 IEEE International Conference on Robotics and Automation, 2008: 4025-4030.

[93] Bo L, Ren X, Fox D. Depth kernel descriptors for object recognition//2011 IEEE/RSJ International Conference on Intelligent Robots and Systems, 2011: 821-826.

[94] Schultz M, Joachims T. Learning a distance metric from relative comparisons//Proceedings of the 16th International Conference on Neural Information Processing Systems, 2003: 41-48.

[95] Lai K, Bo L, Ren X, et al. Sparse distance learning for object recognition combining RGB and depth information//2011 IEEE International Conference on Robotics and Automation, 2011: 4007-4013.

[96] Long J, Shelhamer E, Darrell T. Fully convolutional networks for semantic segmentation// Proceedings of the IEEE Conference on Computer Vision and Pattern Recognition, 2015: 3431-3440.

[97] Li D, Chen X, Huang K. Multi-attribute learning for pedestrian attribute recognition in surveillance scenarios//2015 3rd IAPR Asian Conference on Pattern Recognition, 2015: 111-115.

[98] Sudowe P, Spitzer H, Leibe B. Person attribute recognition with a jointly-trained holistic CNN model//Proceedings of the IEEE International Conference on Computer Vision Workshops, 2015: 87-95.

[99] Liu X, Zhao H, Tian M, et al. Hydraplus-net: Attentive deep features for pedestrian analysis// Proceedings of the IEEE international Conference on Computer Vision, 2017: 350-359.

[100] Vinyals O, Toshev A, Bengio S, et al. Show and tell:A neural image caption generator// Proceedings of the IEEE Conference on Computer Vision and Pattern Recognition, 2015: 3156-3164.

[101] Huang Y, Wang W, Wang L.Instance-aware image and sentence matching with selective multimodal LSTM//Proceedings of the IEEE Conference on Computer Vision and Pattern Recognition, 2017: 2310-2318.

[102] Wang J, Zhu X, Gong S, et al. Attribute recognition by joint recurrent learning of context and correlation//Proceedings of the IEEE International Conference on Computer Vision, 2017: 531-540.

第3章 目标检测

3.1 引　　言

3.1.1 目标检测的定义与挑战

目标检测是视频处理与分析的核心任务之一。它的目的是通过计算模型对属于某些特定类别的目标实例的位置进行判断。通俗地说，目标检测回答"What objects are where"的问题。作为基本的视频分析任务，目标检测和其他的分析任务也密不可分，并且在这些任务中发挥着重要的作用。这些任务包括实例分割、视觉描述、目标跟踪等。从应用的角度来看，目标检测研究可以分为两类，即通用目标检测和特例目标检测。通用目标检测任务旨在探索如何通过一种统一的框架对多种视觉目标进行检测，进而模拟人类视觉感知和认知的过程。特例目标检测旨在研究如何在特定的情况下解决一些具体的任务，如行人检测、人脸检测等。本章主要对通用目标检测进行介绍。近些年，深度学习取得突飞猛进地进展，通过与深度学习相结合，目标检测领域也取得重大的突破，受到前所未有的关注。由于目标检测的方法日趋成熟，它在一系列真实场景中得到广泛的应用，如自动驾驶、视频监控、机器人视觉等。

既然目标检测算法已经走向应用阶段，那么是否意味着现在的目标检测方法已经克服了绝大部分困难呢？当然不是。除了一般视觉分析任务中经常会遇到的视角和光照变化、目标形状和尺寸变化、遮挡，以及复杂背景等问题，在实际应用中，为了训练有效的目标检测模型，需要对大量数据进行标注的同时考虑类内差过大和类间差过小等因素带来的影响，而且标注的成本也是需要注意的问题。现实的应用场景往往要求检测算法能够实时对视频进行处理。在这种情况下，检测算法的速度和计算代价也是不容忽视的因素。目前比较经典的检测方法通常是基于静态图像的，在处理视频任务时难以对时序信息充分利用。以上这些问题都是目标检测面临的挑战。

3.1.2 发展历程

目标检测方法在过去的 20 年发生了重大的变化，下面对它的发展脉络进行简要的梳理，并对部分里程碑式的工作进行简要回顾。这里推荐读者参考相关综述[1,2]。目前，学术界一般将目标检测的发展分为两个时期，即传统目标检测时期和基于深度学习的目标检测时期。在传统目标检测时期，目标检测方法主要依赖手工特征。因此，如何有效利用各种手工特征，以及在计算资源受限的情况下提升检测的性能是当时研究者关注的问题。早期比较有代表性的工作是 Viola-Jones 检测器[3]。算法的设计者 Viola 和 Jones 通过"积分图+ Haar 特征选择+分类器级联"的方式成功实现了人脸实时检测，为后续的工作提供了重要的借鉴意义。前深度学习时代的另一个重要工作是 HOG 特征。2005 年，Dalal 等[4]提出 HOG 特征，并将其应用到目标检测算法中。众所周知，HOG 特征在随后的一系列视觉任务被广泛采用。除此之外，前深度学习时代中里程碑式的工作是 2007 年 Felzenszwalb 等[5]提出的形变部件检测模型(deformable part-based model，DPM)。该模型在 2007~2009 年取得 PASCAL VOC[6]目标检测竞赛的冠军。Felzenszwalb 因此被 PASCAL VOC 授予"终身成就奖"。DPM 采用 HOG 特征作为底层视觉特征，通过多组件和基于图结构的部件模型策略增强对目标形变的鲁棒性。尽管该方法已经有十多年的历史，但是其中的很多思想仍然对今天的目标检测方法产生了深远的影响。

由于手工特征在实际运用中的局限性，目标检测领域在 DPM 之后的发展遇到了一些瓶颈。然而，随着深度学习的到来，目标检测又迎来新的机遇。深度学习可以实现有效的高层图像特征表达，借助这一优势，目标检测方法得到进一步的发展。基于深度学习的目标检测方法按照检测流程可分为两种，即基于两阶段的模型和基于单阶段的模型。基于两阶段的代表性方法有区域卷积神经网络(region convolutional neural networks，R-CNN)[7]、快速区域卷积神经网络(fast region convolutional neural networks，Fast R-CNN)[8]、更快速区域卷积神经网络(faster region convolutional neural networks，Faster R-CNN)[9]、特征金字塔网络(feature pyramid networks，FPN)[10]和掩模区域卷积神经网络(mask region convolutional neural networks，Mask R-CNN)[11]等。概括地讲，两阶段模型的发展过程就是利用深度神经网络逐渐取代检测框架中各个传统模块实现端到端的学习，设计神经网络提高检测精度和速度的过程。基于单阶段的方法摒弃了传统的两阶段模型，直接通过检测框回归的方式实现快速目标检测，代表性方法包括单次检测器(you only look once，YOLO)[12, 13]、单步多框检测器(single shot multibox detector，SSD)[14]、视网膜物体检测器(RetinaNet)[15]等方法。

早期目标检测主要采用基于监督学习的方法，需要大量的人工标注而且严重依赖目标标注的准确性。为了减少检测任务中的标注代价，摆脱对位置标注的依赖，弱监督检测被提出，即在只使用目标类别标签的情况下训练物体检测器。弱监督的设定使检测方法只能使用目标类别标签训练模型。本质上，这是对一个图像分类问题进行优化的过程，而不是对检测任务的区域分类问题进行优化。混合监督检测可以克服弱监督检测固有的问题，实现在少量标注代价下训练高质量物体检测器的目标。混合监督检测的基本思想是，利用一些类别的全标注数据，提升新类别上的弱监督检测性能。主流的混合监督检测方法是基于元任务学习的思想，从全标注类别上学习某种对检测有益的知识，然后从"相似的"全标注类别中进行知识迁移，辅助自身弱监督检测。

随着目标检测任务的不断扩展，视频目标检测开始受到关注，特别是图像目标检测器无法直接应用在视频上。视频目标检测的一个研究方向是利用视频上下文信息提升检测的精度。早期方法的主要思路是对逐帧检测得到的检测框进行后处理，利用时序信息修正检测框的类别置信度和位置。此后，研究人员提出特征聚合的方法，从特征层面引入时序信息，通过端到端的训练优化算法的检测性能。视频目标检测的另一个研究方向是利用视频的连续性，提升视频序列的检测速度。本章将在随后的内容中对这些方法进行详细介绍。

3.2 经典目标检测

3.2.1 传统目标检测

1. Viola-Jones 检测器

2001 年，Viola 和 Jones 提出一种实时的人脸检测算法。与当时主流的算法相比，该方法在取得相似检测性能的前提下，速度可以提升数十甚至上百倍。该检测算法也称 Viola-Jones 检测算法，用于纪念两位研究者对目标检测领域做出的突出贡献。Viola-Jones 检测方法的思路较为直观，通过滑动窗口的方式在图像的多个尺度上遍历所有的位置，判断每个位置是否包括人脸。尽管这一思路现在看来非常简单，但是在当时要实现它已远远超出计算机的计算能力。为了大幅度提升检测的速度，Viola-Jones 检测器使用如下三种重要的技术。

① 积分图。积分图是一种加速滤波和卷积计算的方法。与当时的目标检测算法一样，Viola-Jones 检测器也使用 Haar 小波特征作为图像的特征表达。积分图的使用，让 Viola-Jones 检测器对所有窗口进行计算时的速度不受窗口尺寸的影响。

② 特征选择。与传统的人工特征选择方式不同，Viola-Jones 检测器使用 Adaboost 算法从大量随机特征中选择一小部分对人脸检测最有帮助的特征。

③ 级联检测。Viola-Jones 检测器使用多阶段检测策略，减少对背景窗口的计算开销，从而更多地关注目标物体。

2. HOG 检测器

HOG 是在 2005 年被提出的非常著名的特征描述子。为了平衡特征不变性(尺度、光照等)和特征的非线性(决定特征的判别能力)，HOG 特征在均匀间隔的稠密网格上进行计算，采用重叠的局部对比度归一化策略提高精度。HOG 特征最早用来解决行人检测问题。在随后的一段时间内，该特征描述子被广泛应用于各种目标检测任务，以及其他视觉任务，成为前深度学习时代图像与视频分析研究领域工作的里程碑。

3. 形变目标检测器

传统目标检测阶段研究的高峰是 2008 年 Felzenszwalb 等提出 DPM。最初的 DPM 可以看成 HOG 检测器一个延伸。随后，Girshick 在早期 DPM 的基础上进行了一系列改进，使其日臻完善。

DPM 遵循分而治之的哲学，把模型的训练学习看作以一种合适的方式将目标分解成多个部件，然后集成并对完整目标位置进行推理的过程。例如，在检测行人时，可以将行人分解为头、躯干、腿等多个部件。

一个典型的 DPM 一般由一个主体滤波器和多个部件滤波器组成。DPM 不采用人工方式指定部件滤波器的配置信息(尺寸、位置等)，而是采用弱监督学习的方法，将所有部件的配置信息作为隐变量自动学习。Girshick 将这种建模方式进一步归纳为多示例学习的一个特例，并采用一些关键策略，如困难样本挖掘、检测框回归等进一步提升目标检测的准确性。为了提升检测器的速度，Girshick 还将检测器设计成级联的结构，在不牺牲性能的前提下可以获得超过 10 倍的速度提升。

3.2.2 基于深度学习的目标检测

随着深度学习技术在目标分类领域的成功，研究者希望将深度学习技术引入更具有挑战性的目标检测领域。深度学习技术直接在目标检测领域得到应用存在一定的难点。首先是目标检测的标准数据集，如 PASCAL VOC 数据集，没有足够多的训练样本可以支撑一个深度网络模型，如 AlexNet 的训练。其次是传统的目标检测算法普遍采用滑动窗口的策略。这种策略会产生大量的负样本，对深度网络的训练产生严重的干扰。虽然负样本挖掘的方法可以在一定程度上缓解这个问题，但是大量冗余负样本带来的训练困难仍然没有得到良好的解决。面对这些难题，基于 R-CNN 目标检测框架及其后续改进，逐步对这些问题进行解决。由于 R-CNN 及其后续改进的方法都遵循传统的目标检测流程，即首先生成区域推荐框，然后对推荐框的目标进行分类，因此这类方法称为两阶段目标检测模型。除了上述难点，算法的实时性和速度也是目标检测框架需要考虑的重要因素。因此，有些方法不使用计算流程稍微复杂的两阶段框架，而是直接把目标检测转换成一个回归问题，通过单一网络直接快速生成最终的结果。这类模型称为单阶段目标检测模型。

1. 两阶段目标检测模型

2014 年，Girshick 提出经典的 R-CNN 模型，第一次成功地将深度学习引入目标检测领域。R-CNN 模型是目标检测领域开创性的工作，极大地推动了后续工作的发展。图 3.1 所示为 R-CNN 模型示意图。

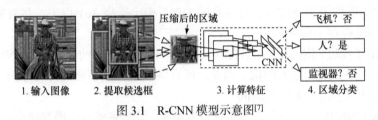

图 3.1　R-CNN 模型示意图[7]

R-CNN 的具体算法流程包括以下步骤。

① 候选区域获取。针对传统检测流程，使用滑动窗口策略会产生大量负样本的问题，R-CNN 利用传统的选择性搜索算法[16]，事先从一张图片中产生出一些"可能是目标"的区域。对于每张待检测图片，根据图片的颜色、纹理、边缘和形状等信息，将图片中过分割的局部小区域按照相似度进行合并，获取大约 2000 个候选区域。

② 预训练模型。针对目标检测数据集训练样本不足的问题，R-CNN 提出利用在大规模分类数据集 ImageNet 上预训练深度模型来辅助检测任务的学习。相较于参数随机初始化的深度模型，预训练模型中蕴含的通用图片特征对于检测任务也有很大的帮助。由于 ImageNet 分类数据集包含 1000 个类别，在预训练模型中，模型的最后一层是一个 1000 维的分类层。

③ 在检测数据集上进行训练。得到预训练模型之后，R-CNN 在检测数据集上对模型的参数进行微调。具体来说，首先将预训练模型的最后一层，从 1000 维的分类层改为 $N+1$ 维的分类层，其中 N 表示检测数据集中目标的类别，1 表示背景类，即不属于任何目标类的区域。预训练网络其他层的参数，依然保持不变。在训练时，依据一个候选区域与标注框的交并比(intersection over union，IoU)，对候选区域的类别进行划分。如果一个候选区域与某个类别标注框之间的 IoU 大于等于 0.5，则认为是这个类别的正样本；反之，判断为背景类。

④ 抽取候选区域的特征。在检测数据集上对模型进行微调之后，R-CNN 利用这个模型对每个候选区域抽取其对应的特征。具体的做法是，将一个已经归一

化到 227×227 的候选区域输入微调之后的深度模型，抽出深度模型 fc7 层对应的响应值，作为这个候选区域的特征。

⑤ 训练支持向量机分类器。得到每个候选区域的特征之后，R-CNN 利用这些特征再次训练支持向量机分类器。训练支持向量机分类器时，正负样本的划分与第③步不同，这里只有图片中的标注框才能当作对应类别的正样本，与标注框 IoU 小于 0.3 的候选区域被当作背景类进行训练。除了对候选区域使用分类器进行打分，R-CNN 还使用回归器对标注的检测框进行回归预测，可以得到更加准确的检测框信息。

R-CNN 在目标检测数据集上取得非常好的实验性能，在 PASCAL VOC 2012 中的平均精度均值到 53.3%，与经典的 DPM 相比提高 30%以上。尽管如此，R-CNN 模型也存在一些问题。

① 由于深度网络全连接层(fully connected layer，FC)的存在，R-CNN 只能接受尺寸为 227×227 的输入图像。因此，所有的候选区域都要进行尺寸归一化，这在测试的过程中占据大量的时间。

② R-CNN 模型是一个多步骤的检测框架，需要完成目标推荐网络参数微调、支持向量机的训练，以及检测框回归模型的训练等多个步骤。

③ R-CNN 算法的运算占据大量的时间和空间，模型首先从一幅图像中得到大约 2000 个候选区域，然后将每个候选区域送入深度模型进行训练，抽取并保存其特征。由于候选区域之间的重叠率相当高，因此这一过程包含大量的重复运算。

④ 虽然选择性搜索方法可以生成召回率较高的目标推荐，但是仍然存在冗余现象，并且计算过程较为复杂。

为了解决 R-CNN 的不足，Girshick 在 2015 年又提出 Fast R-CNN 算法，在保持算法性能的前提下，可以极大地提升检测算法的速度。Fast R-CNN 的基本思想是，既然 2000 个候选区域都是从同一张图片中得到，那么能不能把 2000 次重复的候选区域特征提取的过程改为对整张图片只进行一次提取呢？Fast R-CNN 通过独特的感兴趣区域(region of interest，RoI)池化层实现这一过程。

Fast R-CNN 模型示意图如图 3.2 所示。在第一步中，Fast R-CNN 同样使用选择搜索算法生成候选框，这一步与 R-CNN 相同。在候选区域特征提取这一步，二者有本质的不同。具体来说，R-CNN 是将一个候选区域(图中灰色窗口)首先归一化到 227×227 的尺寸，然后将候选区域图像送入网络进行训练。当有多个候选区域时，这一操作就会重复多次。Fast R-CNN 增加了 RoI 池化层，它直接将整幅图片送入网络进行训练，然后根据候选区域的位置，即深色窗口的位置，在网络的最后一个卷积层将对应的特征从整个卷积层中裁剪出来，并利用 RoI 池化操作将各个候选区域的特征处理为固定大小的维度。如果一幅图像中有多个候选区域，进行多次特征裁剪和处理即可。相较于多次将候选区域图片送入整个网络进行训练的操作，可以节省大量的计算时间，使 Fast R-CNN 在时间效率上远远超过 R-CNN 模型。另外，传统的 R-CNN 模型需要将候选区域归一化到固定的尺寸，而这一步骤往往会带来目标的形变,给后续的特征学习带来一定的影响。Fast R-CNN 对数据的输入没有任何的限制，可以归功于 RoI 池化层。

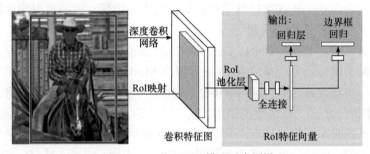

图 3.2　Fast R-CNN 模型示意图[8]

经过 RoI 池化的候选区域特征被送入两个并行的全连接层进行模型的训练。其中，一个全连接层计算分类损失，用于实现对区域类别的区分。另一个全连接层计算回归损失，用于实现对检测框的微调。最后，Fast R-CNN 通过多任务学习的方式完成对模型的训练。

Fast R-CNN 的算法流程在深度网络计算部分的效率已经很高了。然而，整个算法还需要使用选择搜索算法从图片中提取候选区域这一步骤。选择搜索需要利用图片的底层特征，求取超像素块，然后通过多次融合聚类得到最终的候选区域。这一过程相较于网络的运算，反而显得效率很低。是否能够放弃选择搜索算法，直接利用卷积神经网络的高效运算，从图片中得到候选区域呢? Faster R-CNN 通过提出区域推荐网络(region proposal network，RPN)成功实现了这一思想。由于 RPN 与 Fast R-CNN 在前几个卷积层共享参数，因此候选区域计算与分类网络计算大部分是重合的，这样可以大大减少整体检测时间。

RPN 首先在每个像素点事先定义好几种不同的锚点。假定一个目标的形状可以被多种不同大小和长宽比的锚点框所包含，通过近似于滑动窗口的方法，在整幅图片上的多个像素点上"产生"出多个不同的模板，即多个不同的候选窗口。在深度网络中，滑动窗口可以通过简单高效的 1×1 卷积实现。最终，根据候选窗口与标注框之间 IoU 的大小，确定真正的目标类窗口与背景类窗口。对于每个锚点，如果它和图像中某个目标框的 IoU 大于某个阈值，就认为它属于这一类；否则，认定为背景。随后，RPN 提取的特征被映射到低维空间，并用于分类和检测框回归。

通过使用 RPN 替代选择搜索算法产生候选窗口，Faster R-CNN 能够提升检测算法的速度。原因在于，RPN 是一个全卷积网络，并且卷积运算的速度是十分高效的。同时，让深度网络"学习"到的窗口比选择搜索通过底层特征对不同像素块进行融合得到的窗口，要表现出更好的实验性能。这一优势不仅体现在最终的检测结果上，同样体现在一幅图片中候选窗口的数量上。为了找到图片中目标所在的位置，选择搜索需要 2000 个候选窗口才能达到不错的召回率。对于 RPN，每幅图片只需 300 个候选窗口就能找到目标的准确位置，说明通过深度网络的学习，RPN 产生的候选窗口质量更高。

　　沿着 R-CNN、Fast R-CNN、Faster R-CNN 的道路，相关领域的研究者继续对目标检测模型展开研究。2017 年，He 等提出 Mask R-CNN 模型，对 R-CNN 系列的工作进一步地改善。原本的 Fast R-CNN 模型为了提高算法的效率，将整幅图片送入深度网络。但是，在深度网络中，输入图片的大小通过多次卷积和池化操作，其尺寸在不断减小。例如，在 7 层的 AlexNet 网络当中，当图片传到最后一个卷积层(conv5)时，图片的尺寸缩小为原图的 1/8。相应地，候选区域对应的坐标，也缩小为原始坐标的 1/8。由于这一步有小数的存在，而卷积层的坐标都是整数的，为了能顺利地提取候选区域的特征，Fast R-CNN 对候选区域经过缩小之后的小数点坐标进行四舍五入，然后利用四舍五入之后的整数坐标从卷积层中裁剪特征。除此之外，将每个 RoI 特征转化为固定大小的维度时，对特征图进行分块操作，再一次采用取整数的操作。这种操作在 Mask R-CNN 中称为量化。Faster R-CNN 模型和 RPN 示意图如图 3.3 所示。

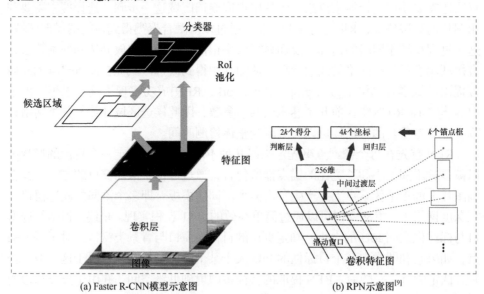

(a) Faster R-CNN模型示意图　　　　　(b) RPN示意图[9]

图 3.3　Faster R-CNN 模型和 RPN 示意图

对于分类任务，取整造成的偏移对于结果的影响可能不大，但是对于检测任务，或者是更精确的分割任务来说，就可能对结果造成比较大的影响。为了解决这一问题，Mask R-CNN 提出兴趣区域对齐层[17]。具体来说，在卷积层裁剪候选区域特征时，不再进行四舍五入的近似操作，而是保留候选区域经过缩小的小数点坐标，然后利用双线性差值的办法，从原始整数坐标的卷积特征中得到这些小数点坐标对应的特征。最后，利用小数点坐标上得到的特征，对候选区域的特征进行裁剪与计算。通过这种简单的策略，Mask R-CNN 修正了在 Fast R-CNN 中四舍五入带来的误差，进一步提升检测的性能。

除了 R-CNN 系列，有大量的工作从不同的角度改进检测算法。这些工作是和 R-CNN 互补的。像具有代表性的 FPN[10]主要改进的是检测算法在处理多尺度变化问题上的不足。建立图像金字塔是进行多尺度变化增强的经典方法，但直接将经典的图像金字塔思想与当前的深度特征结合，即将不同层级的图片依次送入网络计算特征，会显著增加训练时的内存开销和推理时间。此外，如果仅在测试时使用图像金字塔，又会造成训练阶段和测试阶段设置上的不一致。因此，Fast R-CNN 和 Faster R-CNN 在默认设置下都不使用特征化图像金字塔。针对这些问题，Facebook 公司提出 FPN，并与几种常用的解决方法进行对比。

① 特征化图像金字塔(featurized image pyramid)。这种方式是先把图片裁剪成不同的尺寸，然后对每种尺寸的图片提取不同尺度的特征，对每个尺度的特征进行单独的预测。这种方式的优点是，不同尺度的特征都可以包含很丰富的语义信息，但是时间成本太高。

② 单一特征图。这是在空间金字塔池化网络(spatial pyramid pooling network，SPPnet)[17]、Fast R-CNN、Faster R-CNN 中使用的，就是在网络最后一层的特征图上进行预测。这种方法的优点是，计算速度比较快，缺点是最后一层的特征图分辨率低，不能准确地包含目标的位置信息。

③ 金字塔型特征层级。这是 SSD 采用的多尺度融合的方法，即从网络不同层抽取不同尺度的特征，然后在这些特征上进行预测。这种方法的优点在于，它不需要额外的计算量，缺点是有些尺度的特征语义信息不是很丰富。此外，SSD没有用到足够底层的特征，而底层的特征对于小目标检测是非常有帮助的。

④ FPN。为了使不同尺度的特征都包含丰富的语义信息，同时又不使计算成本过高，可以利用自上而下的路径和横向连接将低分辨率、语义强的高层特征与高分辨率、语义弱的底层特征相结合得到一个特征金字塔。它在所有级别都具有丰富的语义信息，并且是从单一尺寸输入图像上快速构建的。

FPN 展示了如何创建可用于替换特征图像金字塔的网络内特征金字塔。在性能方面，将 FPN 和 Faster R-CNN、Mask R-CNN 等算法结合，可以显著提高检测精度。由于简洁性和有效性，FPN 成为后续目标检测算法的标准组件。

2. 单阶段目标检测模型

相比于 R-CNN 系列方法关注性能提升，单阶段模型更加关注如何提升目标检测的速度。单阶段模型不再依赖候选区域推荐，而是将目标检测问题转化为回归问题。当给定输入的图像时，这类方法直接在图像的多个位置回归目标的检测框及其分类类别。在单阶段目标检测中，比较有代表性的方法主要有 YOLO、SSD、RetinaNet，因为这类方法不依赖候选区域推荐，因此也称基于单阶段的目标检测方法。

YOLO 模型是 2015 年提出的方法。其特点在于端到端训练和实时检测。相比两阶段目标检测模型，YOLO 模型最大的优势就是实时性。事实上，目标检测的本质是检测框回归，因此一个实现回归功能的神经网络并不需要复杂的设计过程。YOLO 没有选择滑动窗口或区域推荐的方式训练网络，而是直接选用整张图像作为训练模型。这样做的好处在于可以更好地区分目标区域和背景区域。

由于 YOLO 在一个网格中只预测 2 个检测框，这种相对稀疏的边界框生成方式，使其对小目标和相邻目标的检测效果较差，容易出现漏检的情况。此外，由于采用多次降采样操作，YOLO 模型只能生成相对粗糙的特征，无法有效解决目标长宽比大幅度变化的问题。

针对 YOLO 模型算法的问题，Liu 等提出 SSD 模型。SSD 将 YOLO 的回归思想和 Faster R-CNN 的锚点框机制结合，进行分层特征提取，在不同卷积层的特征图上预测目标区域(即特征金字塔思想，FPN 曾将其扩展到双阶段方法中)。SSD 模型采用一种能够进行端到端训练和测试的深度神经网络模型，以 VGG16 模型作为主体网络，使用前面的五组卷积层，其中 conv4_3 作为特征输出层。然后，利用扩张算法将 fc6 和 fc7 层转化成两组卷积层，同时额外增加 3 组卷积层和一个平均池化层。各个特征层具有不同的感受野，可以满足多尺度检测的需求。

除了 SSD 模型，YOLO 第 2 版本(YOLOv2)也在 YOLO 的基础上进行了多项改进，使其在保证速度的同时，检测精度能够和性能最好的方法相媲美。与 SSD 类似，YOLOv2 也采用锚点目标框的方式生成边界框，使边界框更加紧凑，目标框的尺寸和纵横比是利用 k 均值(k-means)聚类从训练数据集自动计算得到的，更加符合实际应用的需要。为了更好地检测小目标，YOLOv2 将两个不同分辨率的卷积输出合并后组成新的特征层。

以 YOLO 系列和 SSD 为代表的单阶段方法虽然在速度上提升明显，但检测性能还是无法与以 Faster R-CNN 为代表的方法相比。2017 年，Lin 等[15]提出 RetinaNet 模型。他们认为，导致单阶段检测方法性能瓶颈的原因是难易样本类别的不均衡。由于单阶段方法不存在推荐区域生成这一步，在训练过程中，存在大量的简单样本(SSD 方法大约要处理 100000 左右的检测框，而 Faster R-CNN 需要处理 2000 左右的检测框)。虽然单个简单样本提供的损失很小，但是由于数量上的绝对优势，简单样本提供的损失在总体损失上占不小的比例，因此影响模型优化的方向。这个现象可以从图 3.3(b)观察到。当采用交叉熵损失时($\gamma = 0$，虚线框)，分类良好的简单样本贡献了大量的损失。

为了缓解上述问题，Liu 等提出中心损失(focal loss，FL)函数。其核心思想是根据分类置信度识别难易样本，再降低高置信度样本的损失权重，即

$$FL = -(1 - p_t)^\gamma \log(p_t) \tag{3.1}$$

其中，γ 为超参数；p_t 为模型预测概率 p 的函数，当标签 y 等于 1 时，$p_t = p$，当标签 y 不等于 1 时，$p_t = 1 - p$；γ 越大，对简单样本的抑制就越大。

RetinaNet 通过结合 ResNet、FPN、中心损失可以大幅度提高单阶段检测方法的性能。虽然还无法与 Mask R-CNN 相比，但是已经超过 Faster R-CNN。

3.3 不同监督信息下的目标检测

3.3.1 充分监督下的目标检测

本节对不同监督信息下的目标检测任务进行介绍。传统的目标检测任务主要采用基于监督学习的方法。在监督学习中，数据集以矩形框的形式给出示例在图像中的具体位置。通过对数据集的学习，可以得到相应的检测器。在数据集充分标注的情况下，学习到的检测器往往有优异的性能。一系列代表性的检测算法，如 R-CNN、Fast R-CNN、Faster R-CNN 等，都是在基于充分监督情况下学习到的。

3.3.2 弱监督目标检测

很明显，现有的监督学习方法需要大量的人工标注，这不但非常耗时，而且成本代价高、效率低下。此外，基于监督学习的目标检测方法严重依赖目标标注的准确性，而图像标注的结果很容易受到标注人员主观判断的影响。随着深度学习的不断发展，数据集的规模越来越大，数据集标注的成本也变得越来越高。因此，如何利用低成本的图像标注取得良好的检测结果也成为研究者的一个关注点。这就是弱监督目标检测任务。与基于监督学习的方法需要大量人工标注不同，弱监督方法只需要提供图像级别的标签，即只给出图像中是否包含某类目标。

通过弱监督学习的方式，网络中现成的大量弱标注的图像就可以直接使用，因此弱监督目标检测有重要的潜在应用价值。目前，针对一些弱标注问题的解决方法，主要有自学习方法[18, 19]、基于图的方法[20, 21]、多示例学习方法[22]几种。

自学习方法按照以下流程循环处理未被标注的数据。

① 使用已标注的数据训练得到一个全监督检测模型。

② 使用训练得到的全监督检测模型预测未被标注的数据。

③ 将预测分数最大的检测作为标注的数据使用。例如，使用已标注的数据训练前景和背景模型，然后将预测得分最高的检测结果作为标注数据，计算未被标注的样本为正样本的概率，同时通过最优的分割阈值，将正样本从未被标注的样本中分离出来。

基于图模型的方法首先从标注的数据中建立图模型，然后使用该图模型推断未被标注的数据。例如，Jia 等[20]提出基于多示例学习方法的示例图模型，利用示例间的相似性，通过损失函数和约束保证至少有一个正样本出现在正样本包中，使用基于图的正则化最小二乘法从未被标注的数据中学习得到鲁棒的目标检测子。

在多示例学习方法中，数据被表示成包(bag)的形式。每个包中都包含多个示例。在正包中，至少有一个正例；在负包中，所有的示例都是负例。对于目标检测任务而言，一个正包是包含目标的一张图片，每个可能包含目标物体的候选矩形框都可以看作一个示例，而不包含目标物体的图片则被看作负包。基于多示例学习的检测方法就是利用包含正包和负包的训练集学习相应的目标检测器。对于多示例学习，往往需要预先获得多个候选矩形框作为示例，因此在模型学习之前，通过区域推荐的方式预先获得多个候选矩形框。

Zhou 等[23]提出的基于多示例学习的检测框架就是一种非常经典的思路。这种思路简要概括就是候选区域推荐、区域特征提取、区域信息挖掘。在没有先验知识的情况下，一张图像可能存在大量的区域框，因此需要通过区域选择的算法预先找到那些有可能存在目标的区域。该方法采用经典的选择性搜索算法生成候选区域推荐，利用卷积神经网络对这些区域的特征进行提取。然后，获得候选区域的特征表达，通过多示例学习的方法实现区域信息的挖掘。为了减少正样本图像可能存在的歧义，Zhou 等在多示例学习的基础上提出一种包分裂算法，迭代地从正样本包中生成新的负样本包。该方法在当时得到最好的效果，与基于监督学习的目标检测算法也有一定的可比性。当然，该方法也存在一定的缺点，即没有使用端到端训练的模型。此外，该方法直接选择得分最大的实例作为整个图像的分类结果，这种做法也较为简单。

受上述模型的启发，弱监督深度检测网络模型(weakly supervised deep detection network model，WSDD)[24]直接使用端到端的深度神经网络实现弱监督的目标检测。该方法在大规模图像分类数据集上预训练神经网络，利用其强大的表征能力来提升弱监督目标检测的性能。WSDD 主要由 3 个模块组成。

① 主干卷积网络。在 ImageNet 数据集上进行图像分类的预训练，并将训练

好的部分参数初始化检测网络的特征提取器。

②在主干卷积网络的最后一个卷积层上进行候选区域特征的提取,将候选区域特征和卷积层池化后的特征送入空间金字塔池化(spatial pyramid pooling,SSP)网络进行多尺度特征的学习。

③在 SSP 之后,将网络分为了检测分支和识别分支,并在网络的末端对两者的结果进行融合。

此外,类别激活图(class activation map,CAM)方法在弱监督检测领域取得了非常好的效果。类别激活图本质上是一种基于分类问题的可视化技术,可以让我们看到神经网络在分类时的关注区域。2016 年,Zhou 等[23]提出一种简单且有效的类别激活图方法,可以实现神经网络的可视化。这一工作表明,卷积神经网络不但有很强的特征表达能力和迁移能力,而且对仅带有图像类别标签的样本同样具有很好的目标定位能力。假设 $f_k(x,y)$ 代表位于 (x,y) 的第 k 个单元的激活值,对于第 k 个单元,通过全局平均池化操作,可以得到该单元在所有位置上的平均响应 $F^k = \sum_{x,y} f_k(x,y)$。随后,对于给定的类别 c 的响应 S_c,可以对所有的 F^k 加权求和得到 $S_c = \sum_k w_k^c F^k$,其中 w_k^c 代表每个单元 k 对应类别 c 的权重。当把这一权重 w_k^c 加入 $F^k = \sum_{x,y} f_k(x,y)$ 后,就可以得到每个类别的激活图 $M_c(x,y) = \sum_{x,y} w_k^c f_k(x,y)$。通过类别激活图,可以识别与特定类别最相关的图像区域。网络的训练是端到端的,在没有对目标位置进行监督的情况下,只需训练分类的网络就可以保持卓越的定位能力。

3.3.3　基于混合监督的目标检测

在目标检测中,基于监督信息的目标检测方法容易取得很好的效果。但是,这类方法通常需要依赖大量精确的矩形框标注。这些矩形框的获得会耗费大量的代价。特别是,每当出现新的目标类别时,就对该类别的目标进行新的标注,这是一件不现实的事情。这一问题也为目标检测算法在现实中的应用带来极大的挑战。另外,弱标注的数据更容易通过互联网等形式得到,因此弱监督目标检测方法可以通过更小的标注代价来完成任务。那么,这是否意味着弱监督方法是完美的呢?答案是否定的。弱监督检测的一大问题在于,弱监督检测模型非常容易混淆与目标同时出现的干扰项。这些干扰项可能是目标的部件,也有可能是上下文信息。导致这一问题的原因在于,弱监督检测缺少示例的精确标注信息。因此,弱监督检测方法更像是优化一个分类模型,而不是优化一个检测模型。这也是弱监督方法性能出现瓶颈的原因。

基于充分标注的目标检测会取得优异的结果,而弱监督目标检测在实际中有更广泛的应用前景。那么，这两种目标检测方法是否能在某种程度上进行融合呢，仅利用部分精确标注的矩形框来学习通用的知识，提升不需要太多标注代价的弱监督目标检测的性能？这就是基于混合监督的目标检测方法。混合监督的训练集包括两部分，其中一部分类别被称为强类别，这些类别的目标有矩形框和目标类别的标注，另一部分类别被称为弱类别，这一类别的目标仅有目标类别的标注。强类别和弱类别在目标种类上没有重复。这种混合监督的设定是区别于传统基于半监督的检测方法[25]。这是因为，在传统的半监督检测中，每一个类别中既有强标注的样本，又有弱标注的样本。

混合监督检测方法主要是基于元任务学习的思路，找到一个对检测任务有帮助的元任务，进而使用这个元任务辅助或者完成新类别的弱监督检测过程。早期的混合监督检测工作主要有文献[26]和文献[27]。两个工作中元任务的目标都是学习目标性知识[28]，即判断一个目标区域是否是一个完整的目标，用这样的目标性度量来纠正部分目标带来的检测误差。这两个工作的具体方法略有不同，其中文献[28]通过学习一个完全类别无关的排序模型实现这一目标。具体来说，在全标注的数据上训练排序模型，要求完整的目标区域在排序列表中排名靠前，然后将训练得到的排序模型应用到弱标注类别上，挑选排名靠前的区域作为弱标注图片中的完整目标。文献[29]的方法与文献[28]不同，后者利用 ImageNet 中各类别在 WordNet[29]中的层次化结构关系探索混合监督检测。这种层次化关系分为两类，一类是祖先关系(ancestors)，表明类别的从属关系，例如在 WordNet 中，苹果(apple)的祖先词汇就是水果(fruit)；另一类是兄弟姐妹关系(siblings)，例如苹果和橘子(orange)，两个类别在 WordNet 中拥有同一个祖先词汇水果，苹果和橘子是兄弟姐妹关系。可以认为，在 WordNet 中具有语义相似性的类别，其表观(appearance)也应该具有相似性，相应的目标性模型也应该具有相似性。按照这一思路，对于一个弱标注类别，算法首先从已有的全标注类别中找寻其相似的类别，即祖先类别、兄弟姐妹类别。然后，当算法需要判断弱标注图片中的一个区域是否是完整的目标时，仅需要考察这个区域在相似类别的目标性模型中，其属于完整目标的概率。在一个完整的橘子区域，用苹果的模型进行判断，其属于完整苹果的概率比属于部分苹果的概率要大。

通过自适应大规模目标检测(large scale object detection through adaptation，LSDA)[30]方法是进入深度学习时代之后，第一个在 ImageNet 上进行完整混合监督实验的方法，其实验设定也成为日后混合监督检测工作的标杆。LSDA 方法的基本思路与文献[29]类似，即相似的类别应该具有相似的表观特征，进而相似类别的模型也应该有共同点。LSDA 方法有以下创新。

① 学习"分类器-检测器差异"。具体来说，LSDA 首先使用 8 层 AlexNet 模型在全标注类别上利用带有类别标注的图片训练分类器；然后把前 7 层 AlexNet

模型的参数当作类别无关的图片特征提取器，应用微调的手法，在分类器的基础上训练检测器；最后在检测器与分类器参数之间求差值，得到全标注类别对应的分类-检测器差异，即 $W_{dog}^{DET} - W_{dog}^{CLS}$ 与 $W_{apple}^{DET} - W_{apple}^{CLS}$。

② 找寻弱标注类别在全标注类别中的相似类别。LSDA 方法假设相似的类别应该有相似的元任务模型和相似的知识表达。相应的知识即分类器-检测器差异。根据 AlexNet 第 7 层网络抽取的特征之间的欧氏距离，算法得知狗和猫是相似的类别，即 dog ≈ cat。在 LSDA 中，相应的知识表达为 $W_{cat}^{DET} - W_{cat}^{CLS} \approx W_{dog}^{DET} - W_{dog}^{CLS}$。对于弱标注类别猫，分类器 W_{cat}^{DET} 可以利用猫的弱标注图片直接得到，然后弱标注类别猫的检测器，即 $W_{cat}^{DET} \approx W_{cat}^{CLS} + W_{dog}^{DET} - W_{dog}^{CLS}$。

在 LSDA 之后，Hoffman 等[31]尝试将同样的分类-检测器差异迁移策略应用到 AlexNet 模型中的特征层面(网络前 7 层)，将分类-检测器特征差异从全标注类别迁移到弱标注类别，进而基于迁移后的特征在弱标注类别上进行弱监督检测器训练。之后，又将基于第 8 层参数差异的方法和基于特征差异的方法综合起来，可以得到更高的混合监督检测性能[32]。

大规模半监督目标检测(large scale semi-supervised object detection，LSSOD)方法[33]是在判断相似类别阶段对 LSDA 方法进行改进。在 LSSOD 方法中，相似类别的挑选不但需要考虑视觉层面图片特征的相似程度，而且需要考虑语义层面不同类别的相似程度。视觉层面的相似度度量与 LSDA 一样，根据 AlexNet 第 7 层特征的欧氏距离进行度量。语义层面的表达则由 AlexNet 分类模型第 8 层最终的分类得分来定义。其基本思想是，对于任意一个多分类器，将两个语义相似的类别图片作为输入。它们最终在这个多分类器上的得分也应该是相似的。

Shi 等[26]指出，一种有效解决混合监督目标检测的方法应该由两阶段组成，即通过充分标注的目标类别样本学习不变的邻域知识；将学到的知识有效迁移至弱标记的目标类别中。为此，Shi 等提出一种鲁棒的目标迁移网络。在学习目标性时，网络需要使用强标注类别中的目标矩形框来学习目标预测器。首先，通过选择性搜索方法获得候选区域推荐。然后，将候选区域推荐送入神经网络，判断候选区域是否存在目标。这一步的目的是使网络具备判断目标与非目标的能力。此外，将强标注类别目标和弱标注类别目标的矩形框送入网络中训练一个域分类器，判断目标矩形框属于强类别还是弱类别。最后，对域分类器的梯度进行翻转，实现域不变性，从而学到通用性的目标知识。在学到目标知识后，通过多示例学习的方法进一步对目标和干扰项的区别进行建模。通过这种方式，检测模型既可以识别真正的目标类别，也可以对干扰类别进行有效的判断。

总的来说，基于元任务学习的混合监督检测方法的基本思路是从全标注类别上学习某种对于检测有益的知识(如目标知识)。如果这种知识本身就是类别无关的，那么可以直接应用到弱标注类别上。如果这种知识是类别相关的(如各个类别检测器的参数、分类器-检测器参数差值)，那么需要继续进行"类别关系学习"这一元任务。最终，对于某个弱标注类别，完成从与它相似的全标注类别中进行知识迁移，辅助自身弱监督检测的过程。

3.4 基于视频的目标检测

随着深度学习方法的涌现，目标检测算法在静态图像分析中取得巨大进展，但在视频监控、人机交互和自动驾驶等领域，基于视频的目标检测算法具有更为迫切的实际需求。视频目标检测任务的定义是对视频中的每一帧进行目标的定位和识别，是图像目标检测任务在视频中的扩展。直接将图像目标检测算法应用于视频时，将面临巨大的挑战[34,35]。视频中包含丰富的时序信息，有效利用视频中包含的丰富时序信息是提升检测速度和精度的关键。

3.4.1 高精度的视频目标检测

如图 3.4 所示，视频中会频繁出现运动模糊、镜头失焦、遮挡、怪异视角等问题，直接以图像进行目标检测难以在此类场景中正确识别其中的目标，使检测算法的精度较低。可见，仅靠单帧图像难以产生可靠的结果，但是视频中具有时

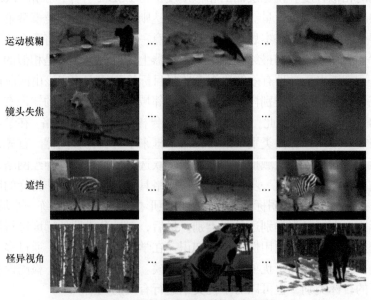

图 3.4 视频中难以识别的目标样例

序上下文信息，例如同一目标在较短时间内的运动变化是平稳且持续的。因此，如何利用时序信息提高目标检测的精度是目前较受关注的研究方向。

1. 后处理方法

为了利用时序上下文信息提升检测的精度，早期的视频目标检测算法采用的是图像目标检测算法结合后处理的形式。这类方法的思路是，首先在视频中逐帧应用图像目标检测算法得到检测结果，然后对连续视频帧的检测框进行后处理，利用时序信息修正检测框的类别置信度和位置。下面介绍几种典型的后处理方法。

T-CNN[36,37]首先使用图像检测器得到视频每一帧的检测框。然后，并行开始两个操作，一个是利用预先计算好的光流将检测框传播至相邻帧，提高召回率；另一个是利用单目标跟踪算法对高置信度的检测框对时域两侧做跟踪，并将跟踪结果与每帧的检测框做匹配，得到一条时空域内的跟踪轨迹。最后，将各个模块得到的检测框合并后进行非极大值抑制(non-maximum suppression, NMS)，得到最终结果。

Seq-NMS[38]首先将一段视频中连续帧的高置信度检测框根据简单的空间匹配规则串成一条时空序列。然后，从平均置信度最高的序列开始，用平均置信度替换该序列中所有检测框原先的置信度，从其他检测框中抑制与该序列空间重叠度较高的检测框，并重复处理所有的序列。

MCMOT[39]的后处理过程通过一个多目标跟踪(multiple object tracking, MOT)算法实现。首先，根据跟踪过程中可能出现的重合或遮挡，将跟踪轨迹分成多个轨迹段，通过一系列手工设计的特征和规则(如颜色、运动线索、变化点检测、前向后向核验、二分图匹配等)，判断两个轨迹段是否合并。然后，根据轨迹段修正检测框的置信度。

协同检测跟踪(detect to track and track to detect，D&T)算法[40]在检测框架中新增了一个跟踪分支，同时进行视频单帧的检测和帧间目标的跟踪，利用跟踪分支预测的检测框变化进行逐帧检测结果修正。实验表明，加入跟踪损失可以提升静态图像特征学习的质量，在视频上产生精确度更高的检测结果。

以上这些后处理方法都高度依赖图像目标检测的结果。当图像目标检测的结果出现错误时，后处理方法无法纠正，会对最终的检测产生较大影响。此外，后处理方法无法利用端到端训练自动挖掘所需的时序信息，需要具备专业知识的研究人员精心设计规则，具有较大的局限性。

2. 特征聚合方法

受图像目标检测中特征重要性的启发，研究人员提出在特征层面引入多帧时域信息的特征聚合方法，通过端到端的训练优化算法的检测性能。特征聚合方法的主要思路是，利用视频中特征质量较高的帧进行特征聚合，以便更好地对当前内容进行识别。目标和相机的运动通常会导致视频帧特征的空间不对齐，在引入时域信息时，必须考虑视频帧特征的空间对齐。依据特征对齐方式的不同，可将特征聚合方法分为像素级特征聚合方法和实例级特征聚合方法。

(1) 像素级特征聚合

像素级特征聚合方法的特点是，首先将相邻视频帧特征和当前帧进行两两逐像素地对齐，然后将对齐后的特征进行逐像素地特征聚合，增强当前帧的特征表示，并在增强后的特征上进行目标检测。

视频目标检测中的流导引特征聚合(flow guided feature aggregation，FGFA)方法[41]是像素级特征聚合方法中代表性的工作。当视频中的目标外观仅靠单帧图像难以识别时，如运动模糊，用特征提取子网络提取的特征图几乎没有响应，无法检测出目标。如果将邻近帧的特征图对齐到当前帧，并以此增强当前帧的特征表示，可以提升当前帧的检测效果。特征光流可以建模目标在帧间发生的移动和形变，进一步完成特征的对齐。不同于后处理方法，FGFA 方法在输出检测结果前对多帧的信息进行聚合。这种特征聚合是可学习的，而不是规则指定的。光流估计由卷积神经网络完成，特征对齐采用的双线性采样是可导操作，因此整个模型框架可以进行端到端的学习。

利用光流估计网络进行特征对齐的方式存在以下问题。

① 光流估计网络需要使用光流数据集进行预训练，非常耗时。

② 光流数据集是由计算机生成的模拟场景图片，同真实场景存在较大差异，将光流模型应用到真实场景中会存在跨域的问题。

③ 光流估计网络在目标运动偏移较大时的预测效果较差，这对视频长时序信息的利用十分不利。

认识到光流估计网络存在的问题之后，一种称为时空采样网络(spatio-temporal sampling networks，STSN)[42]的算法巧妙地利用了可变形卷积[43]进行特征对齐，可以有效避免光流模型带来的问题。常规的卷积操作可以理解为一个固定形状的采样模板(如3×3的卷积核)以滑动窗口的方式从图像中采样。可变形卷积在采样模板中为每一个采样点引入偏移量，使采样的区域可以根据条件改变。这个偏移量通过卷积核之外的分支进行预测。STSN 将空间维度的可变形卷积扩展到时间维度，利用可变形卷积的偏移量预测分支估计邻帧和当前帧目标相关联的区域位置，并采样得到一个和当前帧空间位置对齐的特征。

空间对齐记忆网络(spatial-temporal memory networks，STMN)[44]是一个使用循环神经网络实现视频目标检测的方法。其主要思想仍然是特征聚合，不同之处在于该方法利用卷积门递归单元(convolutional gate recurrent unit，ConvGRU)[45]进行多帧特征信息的传递与聚合。对于当前帧，算法将提取的空间特征 F_t 输入特征聚合的时空记忆模块(spatial-temporal memory module，STMM)，实现 $M_{t-1}^{\rightarrow}$ 和 $M_{t+1}^{\leftarrow}$ 聚合，其中 $M_{t-1}^{\rightarrow}$ 和 $M_{t+1}^{\leftarrow}$ 分别是当前帧前后时刻的时空记忆特征，同时 F_t 会用于 $M_t^{\rightarrow}$ 的更新。聚合了时空记忆特征的当前帧特征将用于最后的检测。

STMM 本质上是一个双向的循环卷积网络。该模块既可以利用相邻帧之间目标的运动信息，也可以学习到目标长时间的运动和外观变化信息。此外，STMM 还包含一个匹配转换模块，能够将 STMM 的隐输出对齐到当前帧内容，完成特征校准。匹配转换采用与 STSN 类似的思路，利用卷积算子采样的形式将时空记忆特征 M_{t-1} 与当前帧 F_t 进行对齐。

(2) 实例级特征聚合

像素级特征聚合方法依赖精确的特征对齐，但是在复杂场景中，如遮挡、运动模糊等对运动信息的估计会十分困难，逐像素的特征对齐会出现相当数量错误对齐的像素点，直接影响后续的特征聚合效果。此外，像素级的特征聚合除了聚合目标区域的特征，还会聚合背景区域的特征，产生大量无意义的计算，并且存在向目标区域引入背景噪声的可能性。因此，研究学者开始利用实例级特征聚合取代像素级特征聚合实现高精度的视频目标检测。

序列语义聚合(sequence level semantics aggregation，SELSA)模型[46]是一种实例匹配和实例聚合的方法。SELSA 首先利用 RPN 预测当前帧和相邻视频帧的候选区域，并提取相应的 RoI 特征。然后，根据各个 RoI 特征之间的余弦相似度，实现不同帧的实例匹配，并基于相似度进行实例特征的加权平均聚合，增强当前帧的 RoI 特征。最后，对增强后的 RoI 特征进行分类和回归，得到检测的结果。该方法直接对各个实例对应的特征进行聚合，将像素的对齐转换为实例的匹配过程。

RDN(relative distinguished name)[47]也是对视频中不同的实例特征进行聚合。其中，关系网络[48]是在图像目标检测中提出的一种算法，通过建模同一图像内不同实例之间的相互作用或几何位置关系实现各个实例特征的增强，进而提升检测精度。RDN 将其扩展到视频目标检测之中，关系网络除了聚合当前帧的实例特征，还会聚合来自其他帧的实例特征，建模不同时刻视频帧中目标间的时空关系。为此，RDN 采用两阶段的关系建模结构。在第一阶段，RDN 利用所有相邻帧的实例同当前帧的实例进行关系建模，初步增强当前帧的实例特征。此阶段无论实例中是否包含有效信息，都进行关系的抽取建模。在第二阶段，RDN 筛选一定比例的具有较高置信度的实例特征进一步进行关系建模。筛选出的实例特征首先会进行第一阶段的相同操作，将其同剩下的所有实例特征进行关系建模，增强自身的特征表达。然后，对筛选出的特征同第一阶段输出的当前帧实例特征进行关系建模，进行第二次特征增强。在经过两个阶段的关系建模后，对当前帧的各个实例特征进行分类和回归，得到最后的检测结果。

　　上述实例级特征聚合方法都是在单个视频内进行目标间关系的挖掘，进而聚合时空信息，增强视频目标检测器的性能。然而，该类方法对于容易混淆的目标(confusing object)识别会存在问题。如图 3.5 所示，视频序列中猫和狗的外观十分相似，仅从该视频中获取的时空信息无法进行准确识别，进而误判成狗。出现此类现象的原因主要是，模型提取的特征判别性不足，造成在一些困难样本中的错误识别。在行人重识别领域，如果来自两个行人的图片差异过小，也会造成错误识别。为了解决这一问题，研究者在算法中引入困难样本挖掘的训练思路[49, 50]，通过在训练过程中挑选正负样本，使同类目标的特征更接近，不同类的目标特征更远离。Han 等[51]在视频目标检测中引入这一思路，提出分层视频关系网络(hierarchical video relation network，HVR-Net)。

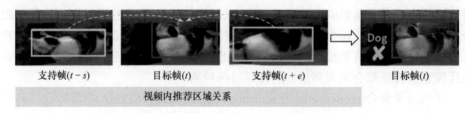

图 3.5　视频关系建模中出现的混淆对象

　　HVR-Net 在视频内关系建模的基础上，引入视频间推荐关系建模，为目标实例(target)选择正样本和负样本，组成一个三元组来监督模型特征的学习和关系建模，让模型学习到更加鲁棒的特征。三元组中的正样本是与目标实例类别相同，但表观不相像的实例；负样本是与目标实例类别不同，但表观接近的实例。通过三元组约束的监督学习，让模型学到的正样本对特征更接近，负样本对特征更远离，增强特征的判别性，提升正确识别的概率。HVR-Net 的算法流程主要分为四个步骤。

　　① 视频级(video-level)三元组选择。选出三段视频组成视频三元组，首先从训练集中选择 K 个类别，每个类别选择 N 个视频，从中随机选择一个视频作为目标视频，剩下的视频作为支持视频。然后，在每个视频中随机采样 T 帧并提取特征，在 T 帧特征上进行时间维度和空间维度的全局池化，得到一个视频的表征向量。最后，计算各个视频表征向量之间的余弦相似度，选择与目标视频最不相似的同类和最相似的异类，组成三元组 $V^{\text{triplet}} = \{V^{\text{target}}, V^+, V^-\}$，其中 V^{target} 为目标帧，V^+ 为同类帧，V^- 为异类帧。

　　② 视频内(intra-video)关系建模。在三元组视频采样的 T 帧特征上，首先利用 RPN 产生 M 个推荐区域，并提取对应的 RoI 特征，然后在视频内部用其他帧的 RoI 特征增强目标帧的 RoI 特征，挖掘视频内部实例间的关系，并增强目标帧中

的实例特征。

③ 实例级(proposal-level)三元组选择。在增强后的实例特征中选择一对正样本和负样本组成关系三元组。目标视频从另外两个视频的推荐区域中根据 RoI 特征间的余弦相似度选择正负样本对，组成三元组 $\alpha^{\text{triplet}} = \{\alpha^{\text{target}}, \alpha^+, \alpha^-\}$，其中 α^{target} 表示目标实例，α^+ 为正样本实例，α^- 为负样本实例。

④ 视频间(inter-video)关系建模。在推荐区域三元组中进行特征的增强，即

$$\beta^{\text{target}} = \alpha^{\text{target}} + f(\alpha^{\text{target}}, \alpha^+) \times \alpha^+ + f(\alpha^{\text{target}}, \alpha^-) \times \alpha^- \tag{3.2}$$

其中，$f()$ 为计算相似度的核函数。

然后，利用 β^{target} 进行检测器的分类和回归训练。除了计算检测器的损失，还需要添加一个新的 L_{relation} 损失进行监督训练，即

$$L_{\text{relation}} = \max(d(\alpha^{\text{target}}, \alpha^-) - d(\alpha^{\text{target}}, \alpha^+) + \lambda, 0) \tag{3.3}$$

其中，$d()$ 为计算欧氏距离的核函数；λ 为超参数。

随着优化的进行，L_{relation} 可以拉近正样本对，推开负样本对，使模型学到判别性更强的特征。

通过在视频目标检测中引入困难样本挖掘的训练方法，除了可以约束视频间的实例关系建模，也能约束主干网的优化，让主干网可以学习到判别性更强的特征，有效地提升模型对混淆对象的识别率。

3.4.2　高速视频目标检测

大多数图像目标检测算法的计算效率低，如果直接将其应用到视频序列的处理，会带来难以接受的计算成本，很难满足视频的实时要求。因此，视频目标检测的一个重要研究方向是如何利用视频的时序一致性来提升检测算法的速度。

1. 特征图传播

通常而言，视频是高度冗余的数据载体，相邻帧包含大量重复或极其相似的图像内容，并且这些内容随时间缓慢地变化。相比于低层次的颜色、纹理、光照等特征，高层次的语义特征随时间的变化会更加缓慢。例如，图 3.6 展示了 ResNet-101 模型最后输出卷积特征图的两个特征通道响应图，分别对应"汽车"和"行人"。可以看到，特征图的高响应区域对应目标在图像中所处的空间位置，并且邻近帧的特征响应很相似，不过空间位置略有不同。利用好这一空间信息的特性，就可以利用空间采样很方便地在视频相邻帧之间传播特征图，避免高计算量的特征提取，快速完成当前帧的目标检测。

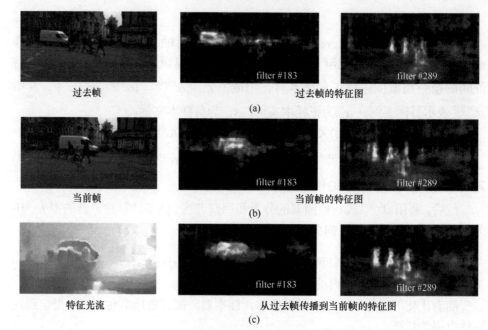

过去帧　　　　　　　　　　　　　过去帧的特征图

(a)

当前帧　　　　　　　　　　　　　当前帧的特征图

(b)

特征光流　　　　　　　从过去帧传播到当前帧的特征图

(c)

图 3.6　特征光流与特征传播示意图[45]

　　深度光流(deep feature flow, DFF)算法就是利用特征光流将过去帧的特征图传播到当前帧,传播得到的特征图与当前帧提取的特征图非常相似。特征光流是一个 2 维向量场。与光流相似,区别在于其刻画的是邻近帧特征图之间发生的相对运动。将当前帧 i 到过去帧 k 的 2 维特征光流向量场记为 $M_{i \to k}$,它刻画了特征图上每个像素点从帧 i 到帧 k 发生的相对位移。将相邻两帧图像输入特征光流估计网络预测得到 $M_{i \to k} = F(I_i, I_k)$,并通过双线性插值将其缩放至与特征图同样的空间分辨率。特征光流 $M_{i \to k}$ 会将当前帧坐标为 p 的点传播到过去帧的坐标 $p + \Delta p$,其中 $\Delta p = M_{i \to k}(p)$。特征传播的过程通过双线性采样实现,即

$$F_{k \to i}(p) = \sum_q G(q, p + \Delta p) F_k(q) \tag{3.4}$$

其中,$G()$ 为双线性插值核。

　　利用特征光流进行特征传播的方法可以有效地提升视频处理的速度,但是会牺牲一定的检测精度。非关键帧中的检测高度依赖关键帧的特征,如果关键帧目标表观退化,那么相应的关键帧特征质量会较差,导致非关键帧的特征传播会受到影响,间接降低检测的精度。从人类利用印象机制识别模糊视频帧对象受到启发,Hetang 等[52]提出印象网络。印象网络以 DFF 算法为基础,利用特征光流将关键帧的特征图传播至非关键帧,在特征传播的过程中集合特征聚合机制,既能保持快速的检测,也能实现精度的提升。相比于逐帧检测图像的方法,印象网络在

提升速度的同时也能提高检测准确率。

2. 检测框传播

视频目标检测要求对每一帧的目标进行定位和分类，而目标随时间一般只会发生缓慢的移动和形变，目标的类别始终保持不变。因此，利用检测框传播，在给定目标过去帧的定位和分类信息下，建模目标从帧间位移和形变来修正定位，则可以快速地完成当前帧的目标检测。

为了将过去帧的计算结果传播到当前帧，Luo 等[53]利用目标跟踪技术，直接将过去帧的检测框传播到当前帧，实现快速的视频目标检测。

尺度-时间网格(scale-time lattice，ST-Lattice)[54]是一种在时间和空间两个维度上进行检测框传播的方法，包括时间传播网络和空间修正模块。时间传播网络主要用于考虑视频中的运动信息，预测两帧之间较大的位移。空间修正模块通过回归检测框位置的偏差，修正检测框的误差和传播带来的误差。这两种操作不断迭代，获得最终的检测结果。ST-Lattice 取得了又快又准确的结果，但是由于涉及时间上的反向传播，以及传播结束后的后处理过程，整个算法只能以离线的方式运行。

3.5 小 结

本章对目标检测的定义、挑战，以及近 20 年来发展过程中里程碑式的方法进行介绍和回顾。通过与深度学习相结合，现有的目标检测方法已经在典型的数据集上取得令人瞩目的结果，并在一系列视频处理与分析任务中得到很好的应用。然而，这并不是目标检测的终点。在现有研究的基础上，考虑应用过程中存在的标注成本和计算代价等难题，弱监督目标监测、混合监督目标检测等问题被进一步提出，受到研究者的关注。此外，随着目标检测任务向视频领域扩展，视频目标检测任务逐渐成为研究的重要方向之一。

参 考 文 献

[1] Zhao Z Q, Zheng P, Xu S, et al. Object detection with deep learning: A review. IEEE Transactions on Neural Networks and Learning Systems, 2019, 30(11): 3212-3232.

[2] Zou Z, Shi Z, Guo Y, et al. Object detection in 20 years: A survey. https: //arxiv. org/pdf/1905. 05055. pdf[2019-10-9] .

[3] Viola P, Jones M J. Robust real-time face detection. International Journal of Computer Vision, 2004, 57(2): 137-154.

[4] Dalal N, Triggs B. Histograms of oriented gradients for human detection//2005 IEEE Computer

Society Conference on Computer Vision and Pattern Recognition, 2005, 1: 886-893.

[5] Felzenszwalb P, McAllester D, Ramanan D. A discriminatively trained, multiscale, deformable part model//2008 IEEE Conference on Computer Vision and Pattern Recognition, 2008: 1-8.

[6] Everingham M, van Gool L, Williams C K I, et al. The pascal visual object classes (VOC) challenge. International Journal of Computer Vision, 2010, 88(2): 303-338.

[7] Girshick R, Donahue J, Darrell T, et al. Rich feature hierarchies for accurate object detection and semantic segmentation//Proceedings of the IEEE Conference on Computer Vision and Pattern Recognition, 2014: 580-587.

[8] Girshick R. Fast R-CNN//Proceedings of the IEEE International Conference on Computer Vision, 2015: 1440-1448.

[9] Ren S, He K, Girshick R, et al. Faster R-CNN: Towards real-time object detection with region proposal networks//Proceedings of the 28th International Conference on Neural Information Processing Systems, 2015: 91-99.

[10] Lin T Y, Dollár P, Girshick R, et al. Feature pyramid networks for object detection//Proceedings of the IEEE Conference on Computer Vision and Pattern Recognition, 2017: 2117-2125.

[11] He K, Gkioxari G, Dollár P, et al. Mask R-CNN//Proceedings of the IEEE International Conference on Computer Vision, 2017: 2961-2969.

[12] Redmon J, Divvala S, Girshick R, et al. You only look once: Unified, real-time object detection//Proceedings of the IEEE Conference on Computer Vision and Pattern Recognition, 2016: 779-788.

[13] Redmon J, Farhadi A. YOLO9000: Better, faster, stronger//Proceedings of the IEEE Conference on Computer Vision and Pattern Recognition, 2017: 7263-7271.

[14] Liu W, Anguelov D, Erhan D, et al. SSD: Single shot multibox detector//European Conference on Computer Vision, 2016: 21-37.

[15] Lin T Y, Goyal P, Girshick R, et al. Focal loss for dense object detection//Proceedings of the IEEE International Conference on Computer Vision, 2017: 2980-2988.

[16] Uijlings J R R, van de Sande K E A, Gevers T, et al. Selective search for object recognition. International Journal of Computer Vision, 2013, 104(2): 154-171.

[17] He K, Zhang X, Ren S, et al. Spatial pyramid pooling in deep convolutional networks for visual recognition. IEEE Transactions on Pattern Analysis and Machine Intelligence, 2015, 37(9): 1904-1916.

[18] Rosenberg C, Hebert M, Schneiderman H. Semi-supervised self-training of object detection models// IEEE Workshop on Applications of Computer Vision, 2005: 1-13.

[19] Yao J, Zhang Z. Semi-supervised learning based object detection in aerial imagery//2005 IEEE Computer Society Conference on Computer Vision and Pattern Recognition, 2005: 1011-1016.

[20] Jia Y, Zhang C. Instance-level semi-supervised multiple instance learning//Proceedings of the 23rd National Conference on Artificial intelligence, 2008: 640-645.

[21] Carbonneau M A, Cheplygina V, Granger E, et al. Multiple instance learning: A survey of problem characteristics and applications. Pattern Recognition, 2018, 77: 329-353.

[22] Ren W, Huang K, Tao D, et al. Weakly supervised large scale object localization with multiple

instance learning and bag splitting. IEEE Transactions on Pattern Analysis and Machine Intelligence, 2015, 38(2): 405-416.

[23] Zhou B, Khosla A, Lapedriza A, et al. Learning deep features for discriminative localization// Proceedings of the IEEE Conference on Computer Vision and Pattern Recognition, 2016: 2921-2929.

[24] Bilen H, Vedaldi A. Weakly supervised deep detection networks//Proceedings of the IEEE Conference on Computer Vision and Pattern Recognition, 2016: 2846-2854.

[25] Li Y, Zhang J, Huang K, et al. Mixed supervised object detection with robust objectness transfer. IEEE Transactions on Pattern Analysis and Machine Intelligence, 2018, 41(3): 639-653.

[26] Shi Z, Siva P, Xiang T. Transfer learning by ranking for weakly supervised object annotation. https: // arXiv preprint arXiv: 1705. 00873[2017-10-9] .

[27] Guillaumin M, Ferrari V. Large-scale knowledge transfer for object localization in imagenet//2012 IEEE Conference on Computer Vision and Pattern Recognition, 2012: 3202-3209.

[28] Alexe B, Deselaers T, Ferrari V. What is an object//2010 IEEE Computer Society Conference on Computer Vision and Pattern Recognition, 2010: 73-80.

[29] Miller G A. WordNet: An Electronic Lexical Database. Cambridge: MIT Press, 1998.

[30] Hoffman J, Guadarrama S, Tzeng E, et al. LSDA: Large scale detection through adaptation// Proceedings of the 27th International Conference on Neural Information Processing Systems, 2014: 3536-3544.

[31] Hoffman J, Pathak D, Darrell T, et al. Detector discovery in the wild: Joint multiple instance and representation learning//Proceedings of the IEEE Conference on Computer Vision and Pattern Recognition, 2015: 2883-2891.

[32] Hoffman J. Adaptive learning algorithms for transferable visual recognition. Berkeley: University of California, 2016.

[33] Tang Y, Wang J, Gao B, et al. Large scale semi-supervised object detection using visual and semantic knowledge transfer//Proceedings of the IEEE Conference on Computer Vision and Pattern Recognition, 2016: 2119-2128.

[34] Huang J, Rathod V, Sun C, et al. Speed/accuracy trade-offs for modern convolutional object detectors//Proceedings of the IEEE Conference on Computer Vision and Pattern Recognition, 2017: 7310-7311.

[35] 朱锡洲. 基于特征光流的视频中物体检测. 合肥: 中国科学技术大学, 2020.

[36] Kang K, Li H, Yan J, et al. T-CNN: Tubelets with convolutional neural networks for object detection from videos. IEEE Transactions on Circuits and Systems for Video Technology, 2017, 28(10): 2896-2907.

[37] Kang K, Ouyang W, Li H, et al. Object detection from video tubelets with convolutional neural networks//Proceedings of the IEEE Conference on Computer Vision and Pattern Recognition, 2016: 817-825.

[38] Han W, Khorrami P, Paine T L, et al. Seq-NMS for video object detection. https: //arxiv. org/abs/ 1602. 08465v1[2016-12-2] .

[39] Lee B, Erdenee E, Jin S, et al. Multi-class multi-object tracking using changing point detection//

European Conference on Computer Vision, 2016: 68-83.

[40] Feichtenhofer C, Pinz A, Zisserman A. Detect to track and track to detect//Proceedings of the IEEE International Conference on Computer Vision, 2017: 3038-3046.

[41] Zhu X, Wang Y, Dai J, et al. Flow-guided feature aggregation for video object detection// Proceedings of the IEEE International Conference on Computer Vision, 2017: 408-417.

[42] Bertasius G, Torresani L, Shi J. Object detection in video with spatiotemporal sampling networks// Proceedings of the European Conference on Computer Vision, 2018: 331-346.

[43] Dai J, Qi H, Xiong Y, et al. Deformable convolutional networks//Proceedings of the IEEE International Conference on Computer Vision, 2017: 764-773.

[44] Xiao F, Lee Y J. Video object detection with an aligned spatial-temporal memory//Proceedings of the European Conference on Computer Vision, 2018: 485-501.

[45] Ballas N, Yao L, Pal C, et al. Delving deeper into convolutional networks for learning video representations//International Conference on Learning Representations, 2015: 1-3.

[46] Wu H, Chen Y, Wang N, et al. Sequence level semantics aggregation for video object detection// Proceedings of the IEEE/CVF International Conference on Computer Vision, 2019: 9217-9225.

[47] Deng J, Pan Y, Yao T, et al. Relation distillation networks for video object detection//Proceedings of the IEEE/CVF International Conference on Computer Vision, 2019: 7023-7032.

[48] Hu H, Gu J, Zhang Z, et al. Relation networks for object detection//Proceedings of the IEEE Conference on Computer Vision and Pattern Recognition, 2018: 3588-3597.

[49] Chen W, Chen X, Zhang J, et al. Beyond triplet loss: A deep quadruplet network for person re-identification//Proceedings of the IEEE Conference on Computer Vision and Pattern Recognition, 2017: 403-412.

[50] Hermans A, Beyer L, Leibe B. In defense of the triplet loss for person re-identification. https: //www. doc88. com/p-0713571464899. html[2017-5-2] .

[51] Han M, Wang Y, Chang X, et al. Mining inter-video proposal relations for video object detection// European Conference on Computer Vision, 2020: 431-446.

[52] Hetang C, Qin H, Liu S, et al. Impression network for video object detection. https: //arXiv preprint arXiv: 1712. 05896[2017-9-9] .

[53] Luo H, Xie W, Wang X, et al. Detect or track: Towards cost-effective video object detection/ tracking//Proceedings of the AAAI Conference on Artificial Intelligence, 2019, 33(1): 8803-8810.

[54] Chen K, Wang J, Yang S, et al. Optimizing video object detection via a scale-time lattice// Proceedings of the IEEE Conference on Computer Vision and Pattern Recognition, 2018: 7814-7823.

第4章 目标分割

4.1 引　　言

4.1.1 基本概念

目标分割是给图像中的部分像素分配一个标签,使具有相同标签的像素共享颜色、亮度、纹理等特征。目标分割作为视频分析的基础问题之一,可以简化图像、视频的表示形式,使视觉信息更容易理解和分析。20 世纪 70 年代以来,目标分割的研究取得了巨大的进展,并且目标分割关注的问题和解决问题的方法也发生了翻天覆地的变化。图 4.1 对不同目标分割问题的联系和区别进行了梳理。

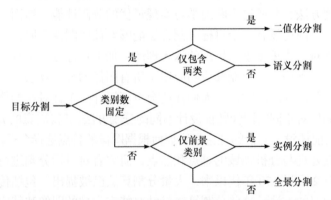

图 4.1　不同目标分割问题的联系和区别

早期的目标分割任务较为简单,通常只需要根据像素信息将前景和背景区分开来,如指纹、车牌等。由于早期经典的方法往往缺乏处理大规模数据的能力,且模型的判别能力也较为有限,因此这一时期的研究者通常关注一些不太复杂的目标分割任务,如阴影检测、显著性预测等。

随着应用需求的细化和计算资源的升级,研究人员希望能够实现细粒度的语义解析,即图像、视频中目标区域或者像素对应的复杂语义概念关系。因此,语义分割任务应运而生。相比识别与检测任务,语义分割能够实现更细粒度的识别和场景理解任务,更加符合人类对视觉场景的认知体验。深度学习对于语义分割任务起到了极大的推动作用，从 FCN[1]开始，语义分割便与深度学习密不可分。目前，语义分割在一系列领域都展现出广泛的应用前景，如自动驾驶、行人解析、智慧医疗等。

那么语义分割是不是目标分割的终点呢？当然不是。在语义分割的基础上，研究者继续关注了新的问题。语义分割可以解决不同类别目标的像素分类问题，但是无法对同一类别中不同的目标实例进行区分。在现实场景中，当出现同一类别的多个目标时，研究者希望能够进一步将其区分，这就是实例分割要解决的问题。实例分割可以将语义分割与目标检测的框架有机地结合到一起，实现对目标实例的细粒度分割。由于实例分割只关注图像中可数的目标实例，为了实现对图像更加完整的理解，全景分割统一了语义分割和实例分割任务，要求对图像中的每个像素点都分配一个语义标签和实例编号。这意味着，全景分割对图像中所有不可数目标和可数目标都要进行分割。本章对经典的二值分割、语义分割、实例分割和全景分割进行详细介绍。

4.1.2　问题与挑战

对于人类而言，目标分割是一项基本视觉能力。人类根据大量实践形成的经验来选择分割方法，并通过不断地学习实现最优的分割性能。然而，对于机器视觉系统而言，目前还没有一个目标分割方法能够对任何图像都取得一致良好的效果。由于缺乏对人类视觉系统机理的深入理解，加上目标分割本身就有复杂变化的性质，因此很难构建一个能够成功应用于所有图像的统一算法。当需要解决一个具体的目标分割问题的时候，人们往往会重新设计一个针对性的算法来解决此问题。那么，如何对不同的图像特征设计不同的分割方法，获得满意的分割结果呢？遗憾的是，目前还没有完善的理论指导如何根据图像的特点选择合适的方法。

作为视频处理与分析领域的难点和热点，研究者对目标分割进行了深入和广泛的研究。自 20 世纪 70 年代以来，大量分割算法已被提出，包括传统分割方法和基于深度学习的方法。这些分割算法是针对特定类型的图像和特定的应用问题提出的，通用方法和策略的研究仍然面临巨大挑战。此外，对于一幅实际图像，如何选择合适的分割算法还没有固定的标准，这给目标分割技术的应用带来许多实际问题。

4.2　二值化分割

最早的目标分割方法多应用在医学影像处理领域，主要针对二值化分割这样的像素级二分类问题，只需区分影像中的背景和目标。由于医学影像场景简单，背景和目标区别明显,通过简单的阈值法就可实现较好的效果。随着分割场景的复杂化,对分割性能的要求也愈加严格,陆续出现区域法、分裂-合并法、多尺度法、小波分析法等方法。尽管这些方法可以在一定程度上改善分割的效果,但它们大多利用图像的表层信息,无法根据语义信息来分割图像。

深度卷积神经网络的快速发展为传统目标分割任务带来新的解决思路。基于深度卷积神经网络的图像边缘检测、阴影区域分割、显著性目标分割方法陆续出现,它们利用深度卷积神经网络的特征表达能力,对每一个像素进行二值语义类别信息的标注,即判断图像中每一个点是不是边缘像素点、是不是阴影区域像素点、是不是显著性目标像素点。本节对传统二值化分割方法和基于深度学习的二值化分割方法进行详细介绍。

4.2.1 传统二值化分割方法

传统目标分割方法大多简单有效,经常作为图像和视频处理的预处理步骤获取关键特征信息,提升图像和视频分析的效率。本节对传统分割方法进行阐述,主要介绍基于阈值、边缘、区域、聚类、图论及特定理论等常用且经典的二值化分割方法。

(1) 基于阈值的二值化分割方法

基于阈值的二值化分割方法的基本思想是,利用图像中要提取的目标与背景在灰度上的差异计算一个或多个阈值,然后通过阈值区分每个像素的类别。因此,该方法最关键的一步就是按照某个准则函数求解最佳灰度阈值。

(2) 基于边缘的二值化分割方法

基于边缘的二值化分割方法,需要检测出边界处的像素点,并将它们连接起来,形成边缘轮廓,从而将图像划分成不同的区域。作为经典的图像底层处理和分析任务,边缘检测对目标区域推荐[2]、语义分割[3]等多种中层或高层图像处理与分析任务有重要的辅助作用。根据处理策略的不同,基于边缘的二值化分割方法可分为串行边缘检测法和并行边缘检测法[4]。常用的边缘检测微分算子有 Roberts 算子[5]、Sobel 算子[6]、Prewitt 算子[7]、高斯拉普拉斯(Laplacian of Gaussian,LoG)算子[8]、Canny 算子[9]等。

(3) 基于区域的二值化分割方法

基于区域的二值化分割方法根据图像的空间信息进行分割,其通过像素的相似性特征对像素点进行分类并构成区域。根据区域思想进行分割的方法有很多,其中常用的有分水岭算法、区域生长法、分裂合并法。

(4) 基于聚类的二值化分割方法

基于聚类的二值化分割方法首先将具有特征相似性的像素点聚集到同一区域,然后反复迭代聚类结果直至收敛,最后将所有像素点聚集到几个不同的类别中,从而完成图像区域的划分,实现分割任务。模糊 C 均值聚类算法(fuzzy C-means algorithm)[10]是常用的方法之一。

(5) 基于图论的二值化分割方法

基于图论的二值化分割方法将分割问题转换成图的划分,通过对目标函数的最优化求解完成分割。代表性的方法包括 graph-cut 算法[11]、grab-cut 算法[12]、one-cut 算法[13]等。

(6) 基于特定理论的二值化分割方法

随着分割任务要求及复杂度的提高,二值化分割方法也在不断地改进,特别是在新理论和新方法的发展中,针对二值化分割任务出现很多特定理论和方法。此外,常用的分割理论方法还包括遗传算法理论[14]、活动轮廓模型[15]、小波变换[16]等。

4.2.2　基于深度学习的二值化分割

上述传统二值化分割方法在图像处理与分析的早期阶段得到广泛地应用,但是随着计算机技术,以及互联网行业的发展,大量图像数据的采集和计算成为现实。这推动了部分经典任务向深度学习领域前进。下面从边缘检测、阴影区域分割、显著性目标分割三个方面介绍基于深度学习的二值化分割方法。

1. 边缘检测

在深度学习出现之前,基于微分算子的边缘检测器,如 Sobel 和 Canny,由于实现简单且普适性强成为当时的主流,但是这些检测器只考虑局部变化。特别是,颜色、亮度等的急剧变化,难以应用到较为复杂的现实场景。例如,对于图 4.2 中动物的边缘,需要利用一些高层次的语义特征才能使计算机对"动物"有概念,忽略动物内部的细节纹理,使其更加符合人的认知过程。

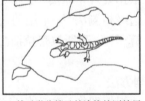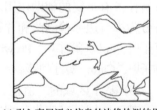

(a) 原始输入图像　　(b) 基于微分算子的边缘检测结果　　(c) 引入高层语义信息的边缘检测结果

图 4.2　基于微分算子与引入高层语义信息的边缘检测结果[17]

深度卷积神经网络通过对大量训练数据的逐层学习,是一种可以获得目标鲁棒特征表达的视觉模型,在目标分类、目标检测、关键点定位、目标局部匹配等任务中都有很好的效果[18]。随着深度学习的快速发展,涌现出一系列基于深度卷积神经网络的边缘检测方法。整体嵌套边缘检测(holistically-nested edge detection，HED)网络作为其中的代表性方法，一改之前基于局部的边缘检测策略，基于预训练的 FCN，采用全局"图像到图像"的处理方式进行端到端的学习，通过深度监督和加权融合，利用不同尺度下的特征信息进行边缘响应预测，对输入图像的每一个像素点进行边缘像素判断，可以在边缘检测数据集上取得优越的性能。

2. 阴影区域分割

在自然场景下，阴影区域信息对于场景光源、场景照明情况、场景几何等物理特性的估计都可以提供重要的信息。理解图像中的阴影区域可以辅助目标分割任务，并且在计算成像领域也有很多应用。

早期的阴影区域分割主要是基于照明、颜色等信息的图像先验和物理模型[19,20]。然而，在现实应用场景下，如果假设条件难以满足，那么这些基于模型的方法就很难准确定位图像中的阴影区域。Khan 等[21]首次利用深度学习进行图像阴影区域分割，他们使用两个深度卷积神经网络，即一个分割阴影区域，另一个分割阴影区域边缘。将这两个深度神经网络的结果组合起来作为条件随机场(conditional random field，CRF)模型的单点势函数，利用概率图模型的方式进行建模。最初基于学习的方法主要依靠手工设计特征，受限于此方式有限的表达能力，这些基于学习的方法难于应对自然条件下的困难情况。同样，由于 FCN 可以根据大量采集的标注样本，自动学习输入图像鲁棒的特征表达，基于深度神经网络的阴影区域分割方法也取得快速的进展。Vicente 等[22]使用堆栈的深度卷积神经网络，首先训练 FCN 预测图像阴影区域的概率响应图，然后将所得到的阴影区域先验和原始的 RGB 图像组合在一起，作为额外的图像通道，最后利用组合的图像，训练另一个深度卷积神经网络对局部图像进行阴影区域预测。

3. 显著性目标分割

显著性目标分割的任务包括估计人凝视点、定位包含显著性目标的最小边界框、分割最显著目标的掩码等。显著性目标分割能更精确地表达最显著目标的分割结果，因此这种表达方式得到研究人员的广泛关注。显著性目标分割已经被用作许多视觉分析任务的中间步骤，确定最显著的目标分割对视觉跟踪等场景有着直接的帮助，具有重要的研究价值。

传统的显著性目标分割方法依赖手工设计特征，但这种方式难以表征复杂的图像变化，如变形、遮挡、光照条件变换、复杂背景影响等。基于深度学习的显著性目标分割方法同样利用 FCN，使其性能取得显著提升。为了准确分割显著目标，还可以利用可感知分割区域的特征修正粗糙的像素级显著性目标分割响应[23]，从而更好地对目标分割轮廓不连续的地方进行建模。除此之外，层次化的网络结构[24]在显著性目标分割中也有广泛应用。

由于 FCN 的内在限制,图像显著性目标分割结果往往比较粗糙,尤其是目标边缘区域,分割结果难以在边缘区域很好地保存细节信息。如图 4.3 所示,显著性目标分割方法得到的结果在第三列,第二列为真实标注信息。可见,目标内部区域能较准确地预测,分割误差主要集中在边缘区域(最后一列)。为了应对上述问题,一些方法考虑使用边缘信息或局部空间上下文信息,获得准确的显著性目标分割结果。例如,通过基于水平集函数的损失[25]进一步利用基于超像素的引导滤波器,在像素之间传递显著性目标信息,并通过在跳层网络中增加短连接分支,提供丰富的多尺度特征。Wang 等[26]在卷积神经网络的基础上,增加一种多阶段修正机制组合卷积神经网络的多尺度特征。Zhang 等[27]利用双向消息传播模型集成 FCN 中的多尺度特征。

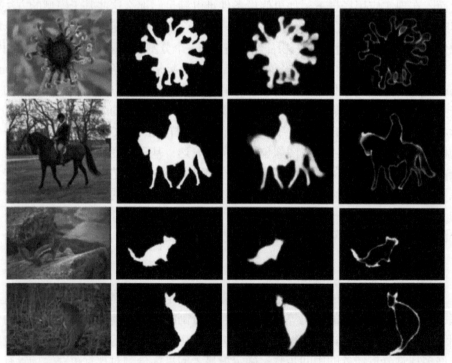

图 4.3　显著性方法的分割结果图[28]

4.3　语　义　分　割

语义分割的目标是对图像或视频中人们感兴趣的语义类别对应的区域进行像素级的划分和标注。可以看出,FCN 使端到端的模型学习成为可能,同样使神经网络对图像像素的细粒度语义识别成为可能。但是，由于模型对目标细节特征的恢复过程比较粗糙，其对目标边缘和小目标的分割不够精细。因此，此后的一系列工作围绕这一问题展开，这些改进涉及网络结构的优化、卷积、池化操作的设计、多尺度学习、模型后处理等。此外，为了进一步提升分割的性能，还有一部分研究者探索了底层视觉和语义分割的关系，并取得一定的突破。

4.3.1 基于全卷积神经网络的语义分割

随着卷积神经网络在一系列目标分类任务中取得成功，将卷积神经网络应用到目标语义分割成为研究者的关注点。为了对所有像素进行分类，早期基于 CNN 的分割方法将某个像素周围的几个像素组成的图像块作为输入，并预测该像素的类别。这种方法计算效率低，相邻的像素块基本上是重复的，而且较小的像素块只能感知到局部特征，限制分类器的性能。较大的像素块虽然可以感知整体特征，但是计算量随之急剧增加。

因此，有必要对经典的 CNN 模型进行重新设计和改进，才能有效解决语义级别的语义分割问题。随着深度学习的发展，FCN 成为解决众多语义分割任务的主流方法，在多个任务的多个数据集上均达到当时最好的性能。基于 FCN 的方法可以分为三个部分，即网络架构(虽然针对具体的任务会有细微的调整，但是网络整体架构可以应用在各个任务上，具有极强的通用性)、输出(随任务的不同而不同)、损失函数(根据每个任务的输出、真值、评价指标进行设计)。

可以看出，不同任务的输出和损失函数具有较大的差异，只有网络架构具有较强的通用性。另外，网络架构对于提高方法的性能和速度具有重要作用，因此网络架构的设计是语义分割研究的核心问题和热点方向。与经典 CNN 在卷积层之后使用全连接层得到固定长度的特征向量不同，FCN 通过卷积、上采样、反卷积操作可以实现对任意尺寸图像的分割。FCN 可以保留原始输入图像中的空间信息，其中的反卷积层对最后一个卷积层的特征图进行上采样，使它恢复到与输入图像相同的尺寸，从而对每个像素都进行预测。将分类网络转化为 FCN 模型示意图如图 4.4 所示。

FCN 面临的一个重要问题是如何将全连接层转化为卷积层。需要注意的是，全连接层和卷积层之间唯一的不同是全连接层中神经元的连接是点对点的，而卷积层中的神经元与局部输入和卷积核的乘积相连。在这两类层中，数据在神经元之间的传递都采用点积计算，即函数形式相同。因此，将两者相互转化是可能的。以 AlexNet 网络为例，对第一个维度是 $7 \times 7 \times 512$ 的全连接层，将其改造为滤波器尺寸为 7 的卷积核，使输出特征维度为 $1 \times 1 \times 4096$。其他层的操作也类似。这种变化意味着，把全连接层的权重改造成卷积层的滤波器，可以更高效地让卷积网络在一张更大的输入图片上滑动，从而得到所有位置的输出。

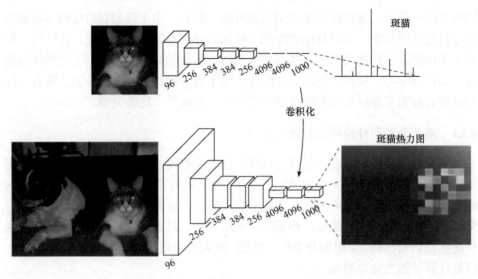

图 4.4　将分类网络转化为 FCN 模型示意图[1]

理想情况下，不采用下采样操作是最好的。这样就不会导致采样产生的误差。然而，在原输入图像的尺寸上做卷积操作的代价是巨大的。因此，解决方案是先下采样，后上采样。这一原则也是基于深度学习的语义分割采用的通用原则。下采样通常容易实现，用于分割的卷积神经网络下采样操作和经典模型一致，这里不再赘述。对于上采样的处理方式，FCN 使用一种反卷积操作，首先使用双线性差值操作进行上采样，然后进行卷积操作。

FCN 使用多层的上采样特征。经过 5 次卷积和池化操作，图像的分辨率依次缩小为 1/2、1/4、1/8、1/16、1/32。对于最后一层的输出图像，进行 32 倍的上采样，可以放大到和原图一样的尺寸。当然，只对最终的 32 倍缩放的特征图做上采样是不够的，因为得到的结果不够精确，一些细节无法恢复。因此，将第 4 层的输出和第 3 层的输出也依次反卷积，分别需要 16 倍和 8 倍上采样。这样得到的结果会更加精细。通过多次上采样，模型可以给出更准确的预测结果。FCN 上采样和下采样过程示意图如图 4.5 所示。

基于 FCN 的模型是语义分割领域中里程碑式的工作，具有重要的影响。当然，作为早期的一种探索，FCN 也存在一些明显的缺陷：一是独立地对各个像素进行分类，忽略了像素之间的空间约束关系；二是分割边界不够精细，原因在于上采样对图像中的细节不敏感。因此，这也激发了更多研究者对分割问题的进一步研究。

4.3.2　基于编-解码结构的语义分割

在 FCN 之后，研究者对语义分割的网络结构开展了大量研究。编-解码模型

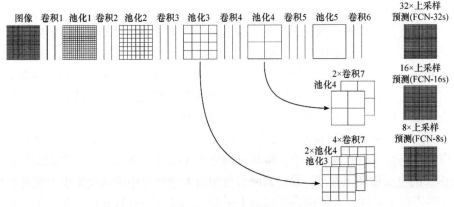

图 4.5 FCN 上采样和下采样过程示意图[1]

是视频处理与分析常用的一种模型，而语义分割同样也可以视为一种编码和解码的过程。高层特征提取可以看成编码的过程，编码模型可以通过正常的卷积和池化操作来实现。利用高层特征实现像素级预测可以看成解码的过程，如何构造有效的解码模型，即如何设计上采样、反卷积模块实现更加细粒度的分割成为研究的关键。

反卷积网络[29]是一种新型的解码网络。由于 FCN 的感受野尺寸是预先固定的，因此对于输入图片中与此感受野尺寸不同的目标可能被忽略。对于较大的目标，FCN 只能关注到局部的细节信息；对于较小的目标，可能受背景影响而直接被忽略。另外，FCN 一次性上采样到原始图像尺寸的操作较为粗糙，得到的特征响应图也非常稀疏，这会导致输入图片中的结构细节信息有所损失。

考虑当时分割网络，如像素级语义分割网络(semantic pixel-wise segmentation network, SegNet)中的解码部分还没有比较成熟的算法，因此使用一种包含反池化模块和反卷积模块的反卷积子网络。这一方法可以有效解决之前方法存在的问题。

对于反池化模块，虽然逐步抽象的信息在网络层中传递有助于提高分类效果，但是池化操作会损失像素的位置信息，不利于分割这种对位置信息要求高的任务。为了解决这一问题，可以在池化操作时记录选择的最大响应位置，并在反池化操作时根据记录的位置恢复响应在原图中的对应位置，这种操作方式可以有效保持目标的结构信息。

通过反池化操作，虽然输出响应图的尺寸变大了，但是特征值仍比较稀疏。反卷积模块的引入可以使特征值变得密集。反卷积的前向传播就是卷积的反向传播过程，将一个输入映射为多个输出。与多层卷积网络的功能相反，多层反卷积网络将抽象的特征图还原为不同层次的图片细节。较低层的反卷积可以描绘整体的形状，较高层可以编码纹理信息，从而使网络学到类别相关的结构信息。这也是这一网络相比于之前方法的进步。

除了位置保持的反池化模块和层级式的反卷积设计，文献[29]还提到一系列提升网络性能的学习小技巧。例如，在卷积和反卷积的每一层后添加标准化(batch normalization，BN)层，将每层的输入分布变为标准高斯分布来减少内协变量，避免网络陷入局部最优。此外，还有两阶段训练法，首先训练简单数据，随后训练复杂数据。这些技巧也为研究者提供了一些思路。

SegNet[30]是编-解码模型中最具代表性的工作之一，由一个编码器网络和一个相应的解码器网络组成。其中，编码器网络由 VGG16[31]中的 13 个卷积层构成。SegNet 的主要创新点在于，编码器网络使用最大池化层中的池化索引对低分辨率特征图进行上采样，并使用卷积层对上采样后的特征图进行处理，生成最终的高分辨率特征图。与其他方法相比，SegNet 可以大幅度减少学习的参数数量，在内存和计算时间上都表现出良好的性能。

上述网络并没有显式地融合低层的高分辨率特征图，而是自底向上地使用单条路径对输入图像进行处理，因此称为单流编-解码器。单流编-解码器通常只使用卷积进行上采样操作或者只利用高分辨率特征图中的部分信息。由于其没有显式地融合高分辨率特征图，因此不能很好地捕捉低层空间特征生成的精细预测结果。不同于单流编-解码器，多流编-解码器显式地对多个不同分辨率的特征图进行特征融合[32]。关于多流编-解码器的内容，本书将在 4.3.4 节介绍。

4.3.3　基于神经网络结构搜索的语义分割

虽然目前流行的深层神经网络都是专家手工设计的，但这并不意味着研究者已经掌握了网络的设计理论，相反，手工设计是一个费时费力的过程。如果可以采用一种系统的、自动的高性能模型架构探索方法，那么更容易找到最优的网络结构。近些年，出现一些自动寻找神经网络最优结构的方法，称为神经网络结构搜索(neural architecture search，NAS)[33]。

NAS 包括 3 个维度，即搜索空间、搜索策略和性能评估策略。NAS 过程如图 4.6 所示。搜索空间从原则上定义了算法将要搜索的所有潜在的神经网络结构，具体由网络的拓扑结构，每个层的类型，以及层内部的超参数来确定。一般方法是将网络切分为基本单元(cell)。每个单元由若干操作(卷积、全连接、池化)组成，然后单元按照设定的网络结构堆叠起来形成网络[34]。搜索策略从搜索空间 A 中选取某个神经网络结构 a，决定如何在探索空间中找到最优结构。目前主流的方法有强化学习、遗传算法、贝叶斯优化等。性能评估策略则是在标准数据集上训练，然后估计该网络结构的泛化性能，进一步反馈和改进搜索策略。

图 4.6 NAS 过程[35]

NAS 在目标分类任务上取得巨大的成功[36]。受这些工作的启发,研究人员也致力于通过 NAS 自动地为语义分割设计最优的网络结构。但是,用于目标分类的 NAS 并不能直接用于语义分割,原因如下。

① 语义分割需要生成像素级的标签图,而目标分类只需要预测图像级的单个标签。

② 语义分割的关键是对多尺度特征图中的语义特征和空间特征进行融合,而目标分类只需提取一个全局的语义特征。

③ 用于语义分割的网络结构通常需要基于预训练的目标分类网络进行设计,以用较少的数据实现更好的性能,而目标分类网络可以从头设计。

为此,研究者一般在搜索空间和搜索策略上进行设计,从而在合理的搜索空间中用较少的时间发现最优的网络结构。

自动搜索深度分割网络(Auto-DeepLab)方法首次将 NAS 从目标分类任务扩展到语义分割任务。在目标分类任务中,NAS 通常关注搜索可重复的单元结构,此方法虽然加快了搜索速度,但同时限制了搜索空间。这种有限的搜索空间对于分辨率敏感的语义分割而言是一个问题,因此该方法在搜索单元结构之外还需搜索网络级结构,从而形成一个分层结构搜索空间。借鉴可微 NAS 的思想,文献[37]设计了一个可微分公式,允许在两层搜索空间进行高效的基于梯度的结构搜索,极大地提高了搜索效率。

稀疏掩模方法(SparseMask)是基于 NAS 的目标分类方法应用在语义分割上全新设计的算法。首先,在搜索空间设计上,为了使包含各种可能的网络结构对编码器(预训练的目标分类网络)提取到的多尺度特征图进行特征融合,设计一个稠密连接网络(fully dense network,FDN)作为搜索空间。FDN 由一个编码器和一个解码器构成。其中,编码器由一个预训练的目标分类网络构成;解码器包含密集的连接,每个连接都具有一个可学习的权重。其次,在搜索策略上,为了减少搜索最优网络结构的时间,设计一种全新的损失函数——二值化稀疏损失,指导算法以梯度下降的方式在 FDN 中搜索。在搜索过程中,二值化稀疏损失可以使连接上的权重趋向于 0 或 1,同时使大多数权重趋于 0。搜索完成后,FDN 中权重接近 0 的连接被去除,生成一个具有稀疏连接的网络架构,进而搜索到最优的网络架构。实验表明,该网络架构对编码器、数据集和任务都具有较好的泛化能力,不但可以用少于一半的参数量实现具有竞争力的性能,而且运行速度也比基准方法快三倍以上。

4.3.4　基于上下文学习的语义分割

1. 基于空间多尺度学习的语义分割

上下文关系学习是视频分析中的一个重要思路。语义分割同样需要考虑上下文关系。为了聚合不同尺度的上下文关系，有研究者开始关注基于多尺度学习的语义分割模型。空间多尺度融合的代表性方法是金字塔场景解析网络(pyramid scene parsing network，PSPNet)[38]。一般认为，在语义分割中，卷积神经网络感受野的大小和模型描述的上下文信息的区域大小有关。传统的一些方法并没有充分利用全局信息，所以效果并不好。那么怎么使用全局信息呢？最简单的方法是采用全局平均池化操作，但是这种方法忽略了空间位置关系。另一种思路是金字塔池化模块，通过金字塔池化操作产生不同层次的特征(这里的"层次"主要指空间尺度上的层次)，并将多种特征平滑地拼接成一个全连接层特征，这样可以聚合不同层级的上下文特征，进而获得全局上下文信息。

金字塔的结构较为直观，基于金字塔池化的分割模型如图 4.7 所示。金字塔模块对输入特征进行不同尺度的池化操作。池化的卷积核大小分别为 1×1、2×2、3×3、6×6。在多尺度池化之后，金字塔模型分别通过不同的卷积层将每个尺度的特征通道降为原来的 1/4，再通过双线性插值获得未池化前特征的大小，最终与输入特征拼接到一起。

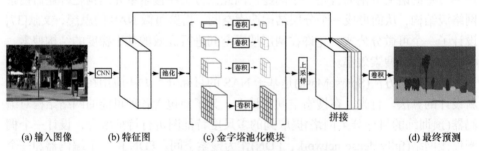

(a) 输入图像　　　(b) 特征图　　　(c) 金字塔池化模块　　　　　　(d) 最终预测

图 4.7　基于金字塔池化的分割模型[38]

此外，为了实现更好的空间多尺度特征学习，也有研究者对卷积操作的方式展开研究。空洞卷积就是一种代表性的思路。空洞卷积的目的是增加感受野，进而更好地学习结构化的特征。不同于传统方法，空洞卷积不再需要池化操作获得更大的感受野，而是采用一种更大范围、更稀疏的滤波方式。空洞卷积能够保证在不做池化的前提下增大感受野，让每个卷积输出都包含更大范围的信息。随着卷积核参数的线性增长，感受野的范围可以获得指数性的增长[39]。通过空洞卷积，输出的特征图尺寸不会产生变化。因此，空洞卷积模块可以轻松替换现有模块中的稠密预测模块。空洞卷积随后也被广泛应用到语义分割模型之中。

空洞卷积最早出现在 DeepLab 模型[40]中，它结合了深度卷积神经网络和概率图形模型的方法。为了解决深度卷积神经网络在语义分割中面临的两个技术难题，即降采样和空间不变性。首先，Chen 等[41]采用空洞卷积算法对 CNN 进行高效密集计算。其次，Chen 等利用一个完全连通的成对 CRF 捕捉细节。此外，接受域的大小比原来的 VGG16 网络减小 6 倍来减少网络的时间消耗，并使用多尺度预测更好地进行边界定位。

伴随着空洞卷积的发展，基于空洞卷积的空间金字塔池化(atrous spatial pyramid pooling，ASPP)模块也应运而生。特征金字塔模块可以将低维度的特征与高维度的上下文信息融合，进而提升模型的预测能力。此外，特征金字塔模型还可以在共享参数的前提下预测不同尺度的矩形框。ASPP 模块借鉴特征金字塔模型的思路，包含四个分支，不同分支中卷积核的空间尺度不同。因此，不同的分支可以为图像中不同尺度的目标捕捉上下文信息，对各个尺度的目标进行更加鲁棒的分割。ASPP 的四个输出和全局池化模块的输出经过上采样后拼接在一起，通过另一个逐点卷积的处理生成最终的输出。DeepLab 的作者使用 ASPP 对网络进行了改进，通过聚合多尺度特征更好地进行定位，并设计了 DeepLabv2。该体系结构以 ResNet[42]和 VGGNet 为基础网络。在 DeepLabv3 中，为了在网络中合并多个上下文信息，文献[41]使用级联模块，并在 ASPP 模块方面做了更深入地研究。

2. 基于多层特征融合的语义分割

多尺度学习主要关注空间维度多尺度信息的融合，而多层特征融合模型更关注如何将高维度的特征和低维度的特征进行有效组合。U 型网络(U-Net)模型[43]是一种代表性的多层特征融合方法。U-Net 包括两个部分，即左侧的部分用于提取上下文信息，称为收缩路径(contracting path)；右侧的部分与左侧对称，用于进行精确定位，称为扩展路径(expanding path)。收缩路径使用类似于 FCN 的架构提取多个不同分辨率的特征图。扩展路径首先使用反卷积对输入的低分辨率特征图进行上采样，在增加特征图空间分辨率的同时减少其通道数。然后，将其与收缩路径中对应分辨率的特征图进行拼接，以便利用其中的空间特征。最后，使用标准的卷积进行处理，实现对语义特征和空间特征更好地融合。

在 U-Net 之后，大量基于多流编-解码器的网络架构被设计出来。对网络架构的改进主要集中在特征融合模块和分支的连接方式上。多路径精炼网络(refinement networks，RefineNet)[44]和大卷积核网络(large kernel matters，LKM)[45]采用与 U-Net 相似的分支连接方式，针对特征融合模块进行网络架构的改进。RefineNet 设计了多路径精炼模块来逐渐增大特征图的空间分辨率，以融合低层的空间特征与高层的语义特征。LKM 通过全局卷积网络(global convolution network，

GCN)和边界约束(boundary refinement，BR)两个模块对特征图进行特征融合。其中，GCN 模块对相邻的两个特征图分别进行处理，BR 模块对特征图的边缘进行修正。

　　路径聚合网络(path aggregation network，PANet)[46]和形状门控卷积神经网络(gated shape CNN，Gated-SCNN)[47]对 U-Net 早期工作中的分支连接方式进行了改进。其中，PANet 在 U-Net 的基础上又引入一个自底向上的路径对特征图进一步修正，从而使低层的空间特征更好地传播到上层。不同于 U-Net 自顶向下的连接方式，Gated-SCNN 采用双流结构，分为常规流和形状流两部分。常规流用于提取多个分辨率的特征图，形状流由多个门控卷积层(gated convolution layer，GCL)组成，用于对特征图进行自底向上的融合。两个流输出的特征图通过 ASPP 模块进行融合，以提取多尺度上下文信息，从而得到具有精细边界的预测结果。

3. 语义分割的后处理

　　端到端的深度学习模型在语义分割领域取得了巨大的成功，但是 CNN 模型依然有很大的局限性。一方面，CNN 模型预测的结果可能比较粗糙，且存在噪声。另一方面，CNN 模型仅实现了端到端的预测，没有利用任何先验约束。在应用场景中，先验约束往往非常重要。例如，在目标分割中，两个相邻像素点的颜色差别越大，那么它们属于不同类别的概率就越大，反之亦然。如果能够加入这些先验约束信息，算法就会有进一步提升。因此，如何有效利用先验约束也是后深度学习时代语义分割领域需要关注的问题。

　　一种比较有代表性的思路是在 CNN 模型的基础上增加后处理模块，常用的后处理模块是 CRF 模型。作为一种概率图模型，CRF 是前深度学习时代的一种经典分割模型。CRF 能量函数的构造方式如下，通常定义隐变量 x_i 为像素点 i 的分类标签，它的取值范围是要分类的语义标签，如 0、1、2 等；y_i 为每个隐变量 x_i 的观测值，可以是图像的像素值(前深度学习时代)，也可以是 FCN 输出的预测结果。基于 CRF 的图像语义分割的目标是，通过观测变量 y_i，推理出隐变量 x_i 的对应类别标签。图像之间像素的关系可以用图模型 $G = \langle V, E \rangle$ 描述，V 和 E 分别代表图的顶点和边。在传统的 CRF 模型中，通常只考虑相邻的节点，这样会损失一部分上下文信息。在目标分割中，通常使用的是全连接操作。这就是常说的全连接 CRF[48]。

　　CRF 符合吉布斯分布，其表达式为

$$P(X = x \mid I) = \frac{1}{Z(I)} \exp(-E(x \mid I)) \tag{4.1}$$

其中，I 为图像，$E(x|I)$ 为能量函数；$Z(I)$ 为归一化项。

对于全连接 CRF，能量函数可以写为

$$E(x) = \sum_i \phi_u(x_i) + \sum_{i<j} \phi_p(x_i, x_i) \tag{4.2}$$

其中，一元势能函数 $\phi_u(x_i)$ 可以直接看成前段神经网络在每个像素点的输出预测概率；二元势能函数通常可以写为

$$\phi_p(x_i, x_i) = \mu(x_i, x_i) \sum_{m=1}^{K} w^{(m)} k^{(m)}(f_i, f_j) \tag{4.3}$$

其中，$k^{(m)}(f_i, f_j)$ 为高斯核函数；$w^{(m)}$ 为权重。

二元势函数一般描述像素点与像素点之间的关系，鼓励相似像素分配相同的标签，相差较大的像素则分配不同标签。这样 CRF 能够使图像尽量在边界处分割。

除了 CRF 模型，还有一些使用马尔可夫随机场[49]、高斯 CRF[50]等模型。从另一个角度看，深度网络更像是一种特征提取的方式。随着网络结构的优化，模型的性能不断得到提升。后处理中用到的概率图模型从结构化建模的角度对图像像素之间的关系进行描述，因此可以更好地解释其内在联系。

4.3.5　弱监督语义分割

通常情况下，语义分割训练需要对图像中的每一个像素进行标注。这导致数据标注非常耗时，其复杂程度远远超过目标分类和目标检测任务。想要训练一个分割模型，往往需要耗费大量人力在像素标注上。为了解决这一问题，人们探究用简单形式的图像标签(图 4.8)降低神经网络的训练成本。然而，由于简单标签的语义信息并不强，因此分割精度不高[51]，但许多研究者致力于缩小这一差距。本节将详细阐述代表性的弱监督语义分割方法。

(a) 原始图像　　　　(b) 原始级标注　　　　(c) 边界框标注　　　　(d) 涂鸦式标注

图 4.8　简单形式的图像标签[52]

1. 基于边界框的方法

此标注方法将图像中目标区域的外接矩形框作为标签信息。在标注方面，边

界框标注是弱标注方法中最复杂的一种，但是仍然比完全监督标注简单得多，并且包含的图像信息相对丰富，因此可以获得较好的分割效果。检测框监督方法[53]以 FCN 为基础网络，用边框级标注的图像作为训练样本，通过循环迭代的方式不断提高分割准确率。检测框监督方法首先用多尺度组合分组(multiscale combinatorial grouping，MCG)算法得到初步的目标候选区域。然后，将该目标候选区域作为已知的监督信息输入 FCN 中，进行优化和更新。待 FCN 输出具有更高精度的候选区域后，将输出的目标候选区域重新输入 FCN 进行训练。如此重复迭代，直到准确率收敛。

2. 基于图像级标签的方法

图像级标注只提供图像中目标的类别。由于没有目标的位置和形状等信息，分割效果通常较差，如何关联标签类别信息与像素点是问题的所在。文献[54]使用图像级标签数据，利用多示例学习解决语义分割的问题。类别激活映射方法[55]首先生成目标种子区域，并将其作为训练集来训练由 FCN 构成的分割网络。但是，CAM 对于图像中较大的目标只能定位其中一部分区域，无法达到监督训练所需的标注程度。种子、扩张约束算法(seed，expand and constrain，SEC)[56]通过扩展和约束稀疏的种子像素的边界生成目标定位图，使用 CRF 优化后的定位图作为监督信息来训练 FCN，可以得到较好的分割结果。

3. 基于点标签的方法

点标签是在对象目标上标注一点并将其作为标签信息。由于点包含的信息量非常少，因此仅凭一点作为监督信息，使网络推断出完整的目标区域是非常困难的。与图像级标签相比，点标签包含目标的位置信息与语义信息，所以分割效果有所提升。文献[57]使用点标记图像中的对象目标，通过损失函数获取目标的上下文信息，将该点的目标区域扩展到其他区域，并加入目标的先验信息推断对象范围，使网络模型能更好地预测目标区域。

4. 基于涂鸦式标签的方法

涂鸦标记是用涂鸦线的方式标记目标的位置，获得目标的位置和距离信息。涂鸦标记作为一种改进的点标记方法，可以进一步获取目标的距离信息，以实现更好的分割结果。涂鸦监督卷积网络(scibbled-supervised convolutional network，ScribbleSup)[58]使用涂鸦方式进行图像标注，将带有涂鸦线条的图像作为训练样本。该方法分为自动标记阶段和图像训练阶段。自动标记阶段首先根据涂鸦线条对图像生成像素块，然后将每个像素块作为模型中的节点，用图割算法建模，自动完成对所有训练图像的标注。图像训练阶段则是将上一阶段完成的标注图像送入 FCN 训练，得到分割结果。

4.4 实 例 分 割

本节对目标分割中的实例分割进行介绍。随着相关算法在传统目标检测和语义分割任务上的不断发展，实例分割作为检测和语义分割任务的结合和扩展，近些年受到越来越多的关注。如图 4.9 所示，相比以矩形框级别的精度识别目标的经典目标检测任务，实例分割则需要达到更加精细的像素级精度。相比语义分割任务，只需要对每个像素进行分类，实例分割还需要区分同一类别中的不同个体。因此，实例分割的结果可以看作更细粒度的像素级目标检测结果，也可以看作区分各个实例的语义分割结果。作为偏底层的视觉感知问题，实例分割任务可以为高层的视觉理解任务提供更加完整和细粒度的感知信息，在图像编辑、虚拟现实、增强现实、机器人，以及智能驾驶等场景中都具有重要的意义。

图 4.9　实例分割结果[59]

4.4.1　基于分割模型的实例分割

基于分割模型的实例分割方法又称自底向上的方法。这类方法基于语义分割的架构，通过学习逐像素的实例感知特征来建模实例信息，再由聚类算法得到实例分割结果。这类方法整体较为简洁直观，在实例分割发展的早期受到较多的关注，之后由于性能上的劣势不再被关注。最近，随着语义分割算法性能的不断改进，研究者开始重新关注这类方法，试图取代算法流程过于繁杂的自上而下的实例分割方法。基于分割模型的实例分割算法的核心在于，设计更易于学习的实例感知特征，以及相应的聚类算法。

此类方法中比较有代表性的方法是区域推荐自由网络(proposal-free network, PFN)[60]。该方法分为三个过程，即逐像素的语义分割、对每一像素预测其对应实例的预测框坐标，以及对类别的实例个数进行预测。模型首先使用 VGG 网络实现语义分割，然后取 VGG 网络中多种尺度的特征图预测不同类别的实例个数和实例定位向量。其中，实例定位向量是一个 6 维度的向量，分别表示该像素所对应实例的左上角、中心和右下角的坐标维度。在预测实例的时候，需要根据 6 维向量对不同的像素进行聚类，以区分不同的实例。

PFN 是一种自底向上的模型。它首先实现语义分割，并在语义分割的基础上进行聚类，实现对不同实例的划分。这种自底向上的模型不需要 RPN 就可以实现实例分割。虽然这类方法的框架较为简单，但是模型在区分不同实例后处理阶段(聚类阶段)的计算往往比较复杂，在准确性上可能不如基于检测模型的方法。

深度分水岭变换(deep watershed transform，DWT)[61]是一种基于实例感知边缘的实例分割方法。该方法在语义分割模型的基础上，首先学习图像中各点到最近目标边缘的方向，并将其作为基础特征，然后基于该特征学习对于各点到实例边缘距离的估计，最后应用分水岭算法得到实例分割的结果。该方法应用简单，但是在目标被隔断的情况下会将其分割为多个目标。

用于实例分割的图合并(graph merge for instance segmentation，GMIS)方法[62]基于像素之间的亲和度建模实例信息。像素亲和度可以预测两个像素属于同一实例的概率。该工作基于同样的网络结构完成对语义分割和像素亲和度的预测，同时设计了基于层级聚类的后处理模块得到最终的实例分割结果。但是，它需要对多个图像块分别进行前馈操作，这导致算法效率较低。单镜头实例分割方法[63]通过解耦不同尺度的像素亲和度建立亲和度金字塔特征，同时设计相应的级联图割模块获取实例分割结果，使性能和效率得到提升。

4.4.2　基于两阶段检测模型的实例分割

基于两阶段检测模型的实例分割又称自上而下的实例分割。下面介绍基于两阶段检测模型的方法。基于两阶段检测模型的实例分割方法的主要思想是，首先基于目标检测模型框架得到目标的检测框，然后在检测框的基础上通过前景、背景二分类的方式得到目标的实例掩码。其中，比较有代表性的工作是 Mask R-CNN。

Mask R-CNN 的基本结构与 Faster R-CNN[64]目标检测模型类似，可以在目标检测的基础上实现实例分割。Mask R-CNN 可以看作 Faster R-CNN 的直接扩展。在第一阶段，Mask R-CNN 的 RPN 与 Faster R-CNN 的 RPN 相同。在第二阶段，Faster R-CNN 使用 RoI 池化从每个候选框提取特征，并进行分类和边界回归，而 Mask R-CNN 则在类别预测和边界回归之外，为每个 RoI 增加一个预测分割掩码的分支。这个分支与用于分类和目标检测框回归的分支并行执行。掩码分支是作用于每个 RoI 的 FCN，以逐像素的方式预测分割掩码。此外，Mask R-CNN 还使用 RoI 对齐代替 RoI 池化的四舍五入，这样可以去除因 RoI 池化产生的特征错位，将提取的特征与输入框准确对齐。Mask R-CNN 是代表性的实例分割算法，可以通过改变不同的分支完成检测、语义分割、实例分割和人体姿态估计等任务。算法应用非常灵活，也为后来自顶向下的实例分割模型提供了一定的借鉴意义。

Mask R-CNN 及后续方法均直接使用检测框的分类置信度对实例掩码进行打

分。然而,实际上该分数与生成实例掩码的真实质量并不能很好地保持一致,即不能代表掩码的分割质量。为了解决这个问题,掩模评分区域卷积神经网络(mask scoring region convolutional neural network,MS R-CNN)[65]直接学习对实例掩码的打分。该方法通过预测当前输出的实例掩码和真实实例掩码的 IoU 来更准确地估计前者的质量。MS R-CNN 在 Mask R-CNN 的基础上添加了一个掩码 IoU 分支。这个分支包含两部分的输入,一部分通过 RoI 对齐操作得到的 RoI 特征,另一部分输出掩码。最后的掩码打分等于掩码 IoU 乘以分类置信度,表示分类置信度和实例掩码的质量。混合任务级联(hybrid task cascade,HTC)方法[66]在迭代优化目标检测模型[67]的基础上,迭代地生成检测框和实例掩码,不断在实例分割和目标检测的结果上进行优化,从而获得质量更高的实例分割结果。此外,受限于 RoI 对齐操作输出的分辨率,两阶段的实例分割方法往往在实例的边缘区域过度平滑。为了解决这一问题,点渲染(point-based rendering,PointRend)方法[68]引入图像渲染的思想,通过一个轻量的基于点的渲染模块,利用点的特征表示来预测图像上的自适应采样点。在推理过程中,PointRend 方法迭代地执行预测,每一步都在平滑区域应用双线性上采样,并在少数位于对象边界上的区域自适应地进行更高分辨率的预测。

4.4.3 基于单阶段检测模型的实例分割

与单阶段检测器的思想类似,单阶段实例分割方法使用卷积神经网络直接做密集预测,但是由于直接输入实例掩码会使参数量过大,网络模型难以优化和部署。因此,单阶段模型探索了如何对实例掩码进行编码,从而可以支持密集预测。下面对基于这一思想的方法进行梳理和介绍。

深度掩模(DeepMask)模型[69]最早将深度学习方法引入实例级分割任务。该模型结合了两个目标进行训练。对于一个给定的图像区域,模型的第一部分输出的是一个类无关的分割掩码,第二部分输出的是该图形区域以一个完整的以实例为中心的概率。在测试阶段,该模型对整个测试图像进行多尺度的滑动输入,并生成一组分割掩码,每一个掩码都被分配一个对应的目标似然值。全卷积实例分割网络[70]通过编码位置信息区分同一语义类别下的不同实例。该方法继承了语义分割网络和实例分割掩码的优点,同时进行分类和实例掩码预测,在两个任务和 RoI 之间完全共享内在卷积特征。

张量掩模(TensorMask)方法[71]是一种基于密集滑窗的实例分割框架。该方法的主要创新点在于实例掩码的编码方式。其对齐的结构化编码方法可以与自然编码方式相互转化,从而获得最终输出。实验证明,该编码方式能够取得更好的效果。该工作还基于对齐的掩码编码方式设计了张量双尺度金字塔,并用其对不同尺度的实例生成不同分辨率的掩码估计，最终得到与 Mask R-CNN 相当的实例分割性能。

　　基于单阶段检测模型的实例分割方法可以实现更加简洁的模型结构和更快的推理速度，同时具有更加优秀的目标识别能力。但是，由于编码实例掩码的过程存在信息损失问题，该类方法往往难以获得精细的目标掩码。为了解决这一问题，人们通过结合单阶段检测模型和分割模型的优点，引入动态网络技术。

4.4.4　基于动态网络的实例分割

　　基于分割模型和检测模型的实例分割方法取得了长足的发展。前者基于像素级实例特征的学习，可以获得更加精细的实例边缘。后者受益于检测模型的发展，在复杂场景中具有更好的目标识别效果。基于动态卷积的实例分割方法结合了两种方法的优势，兼具精细的分割结果，以及较优的识别性能和更快的推理速度。作为深度学习中新兴的研究课题，动态神经网络[72]在近些年取得了快速的发展。与在推理阶段具有固定计算图和参数的静态模型相比，动态网络可以使其结构或参数适应不同的输入，在准确性、计算效率、适应性等方面具有优势。

　　YOLACT(you only look at coefficients)作为将动态卷积思想引入实例分割问题的早期工作之一，在速度和精度上可以得到更好的平衡，是首个在 MS COCO 上可以实时运行的实例分割算法。YOLACT 将实例分割分为两个并行子任务，即生成一组原型掩码和对每个实例动态地生成一组掩码系数。最终每个实例的掩码通过在原型掩码上裁剪出检测框对应的区域，与掩码系数做线性组合生成。由于摒弃 RoI 池化操作，该方法可生成非常精细的实例掩码。YOLACT 还设计了快速非极大值抑制后处理方法，此方法可以替代标准的非极大值抑制流程，抑制重复预测的后处理步骤。在广泛的多语义类别非极大值抑制中，对于每个类别，首先将预测按置信度降序排列，然后删除每个预测所有其他高度重叠的预测。整个操作是顺序和递归的，导致较高的延迟。快速非极大值抑制方法通过高并行的矩阵计算提升算法效率，并且只有较小的性能损失。

　　基于位置的目标分割(segmenting objects by locations，SOLO)算法[73]完全摒弃了矩形框的预测，可以简化实例分割算法模型的部署。SOLO 将图像作为输入，先将图像划分为 $S \times S$ 个网格，然后按位置动态地分割对应对象。最直接的方案(记为方案 1)是对每个位置均预测一个对应当前位置可能存在实例目标的实例掩码。此方法虽然足够简单直接，但是参数量过大，运行效率低下。由于预测的 $S \times S$ 个掩码中存在大量的冗余，方案 2 对行列进行了解耦，只需要预测 $2S$ 个掩模即可。进一步地，在方案 3 中，对每个网格通过权重分支预测 D 维输出，并将其作为预测的动态卷积核权重，从而进一步减少参数量。该方案的思想与 YOLACT 的掩码预测方式类似，但是完全抛弃了检测框的使用。此外，SOLO 算法还借鉴 Soft-

NMS[74]的思想，设计了非极大抑制矩阵，在高效完成非极大抑制过程的同时不损失性能。

4.5 全景分割模型

本节对目标分割中的全景分割进行介绍。在常见的目标分割问题中，语义分割的目标是以像素级的精度划分属于预定义的若干语义类别对应的区域，但是不要求区分属于同一语义类别的不同实例个体。实例分割的目标是，以像素级的精度区分图像中的目标实例，但不要求对图像中的背景类别区域进行理解。然而，在实际应用中，人们往往需要对图像或视频帧有更加完整的理解结果，这正是全景分割研究的问题。如图 4.10 所示，为了将语义分割和实例分割任务统一起来，全景分割任务需要同时分割无固定形状的场景类别和可计数的目标类别，对图像中的每个像素点都分配一个语义标签和实例编号。其中，目标类别需要区分不同实例，而场景类别则不用。

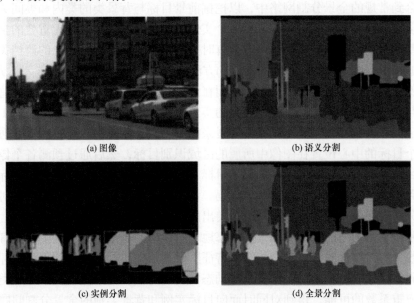

(a) 图像 (b) 语义分割 (c) 实例分割 (d) 全景分割

图 4.10 语义分割、实例分割和全景分割的对比[75]

初期的全景分割方法主要基于多模型、多任务的学习框架，通过语义分割和两阶段实例分割模型分别建模场景类别和目标类别。其中，语义分割分支输出像素级的语义分类，实例分割分支检测实例并产生像素级的实例掩码。此后，两个分支的输出经过后处理模块的融合得到全景分割结果，其中需要设计启发式规则或其他模块处理两个输出之间的冲突。为了提升算法性能，研究者首先探索了该框架下的多任务特征融合。

全景特征金字塔网络(panoptic feature pyramid networks，Panoptic FPN)[75]是许多全景分割研究的基础。它系统地探索了语义分割和实例分割任务共享骨干网络特征对最终性能的影响。该网络基于多层级多尺度的特征金字塔结构[76]，设计了一个融合特征金字塔多分辨率特征的轻量语义分割分支。该工作还重点分析了共享骨干网络特征时，语义分割和实例分割分支对彼此性能的影响。为了更加统一地解决实例分割和语义分割两个子任务，减少多个预测输出之间的冲突，统一全景分割网络(unified panoptic segmentation network，UPSNet)[77,78]使用一个无参数的全景分割头网络，通过对额外未知类的预测来，解决语义和实例分割之间的冲突。

在共享骨干网络特征的基础上，后续工作探索了单双向分支特征融合策略。例如，基于注意力机制[79]融合实例分割分支的结果，从而提升语义分割分支对场景类的正确分类；融合语义分割分支的特征来改善实例分割分支的目标类分割效果。两个分支之间双向的特征融合[80,81]可以进一步提升算法性能。图结构也可以被结合到常规的全景分割网络中，以挖掘前景目标与背景类的类内和类间关系。

多数方法基于人工设计的规则融合实例分割结果，进而得到无重叠的全景分割。基于检测置信度的实例排序方式有时并不能正确地反映实际上的遮挡关系。实例遮挡(instance occlusion，OCFusion)方法[82]通过增加一个额外的分支来预测两个实例掩码之间的相互遮挡关系，从而在测试阶段更好地处理实例之间的遮挡。

与上面普遍使用的基于检测模型的实例分割框架不同，Google 的系列工作是在基于分割模型的实例分割框架下发展来的[83]。其核心思想较简单，首先通过预测各个目标的中心位置在图像中所属的区域识别目标，然后通过预测各个像素到对应目标中心点的偏移向量，将属于目标类别的像素点分配到各个实例目标，从而得到各个目标实例和背景实例的掩码。该方法可以在目标数量较多，同时具有较高分辨率的道路数据集上实现更为突出的性能。

基于动态网络的实例分割方法动态地对图像中的每个目标实例生成独有的权重系数，再对实例间共享的高分辨率特征图做卷积操作，从而得到每个目标实例的掩码。受此启发，一些工作[84]基于动态网络的特性，探索生成关于背景类别的动态权重系数的可能，得到对同时面向目标实例和背景类别的全景分割问题更加统一的建模方式。这些方法借鉴了转换器(transformer)[84]结构，其中 Facebook AI 的转换器检测(detection transformer，DETR)模型最早将该结构引入目标检测和全景分割问题。DETR 模型通过引入 transformer 结构，将目标检测问题重新建模为集合预测问题，在训练阶段通过基于损失函数的二分匹配，将目标实例与可学习的查询向量一一对应，从而在模型中去除锚框匹配和非极大值抑制等启发式过程，实现端到端的目标检测流程。DETR 模型还指出在该检测框架的基础上，可以通过添加掩码头结构为每个预测框预测掩码。DETR 模型将每个实例在解码器部分的输出作为输入，利用多头注意力编码器的输出为每个实例生成 M 个注意力热图，并使用类似 FPN 的架构来提高最终预测的分辨率。在后续工作更是直接指出语义级和实例级分割之间的范式差异会导致每个任务的模型完全不同，其中语义级分割通常被建模为逐像素分类任务，而实例级分割则是用掩码分类的方式。这会阻碍目标分割的整体发展。Cheng 等指出，面向实例级分割的掩码分类范式是足够通用的，可以使用完全相同的模型、损失、训练方法，以统一的方式解决语义和实例级分割任务，并通过实验证明通过简单的掩码分类模型就可以胜过最先进的逐像素分类模型。特别是，当类别数量很大时，掩码分类模型的性能显著优于逐像素分类的基线方法。这一发现可以为后续的目标分割研究提供新的观察和思路。

4.6 小 结

本章对目标分割的定义、发展历史和具体应用进行简要回顾，对目标分割中的经典二分类分割、语义分割、实例分割和全景分割分别进行详细介绍。对于语义分割任务，重点回顾基于 FCN 的方法、基于编-解码结构的方法、基于 NAS 的方法和基于上下文学习的方法。这些方法主要从特征提取和上下文建模等角度对经典语义分割模型进行改进。随后，本章对实例分割的研究思路进行介绍。相比于语义分割，实例分割需要对场景中的不同实例进行有效判别。因此，实例分割往往需要借助目标检测的方法。这也衍生出两种解决问题的思路，即基于分割模型的实例分割和基于检测模型的实例分割。全景分割可以看作语义分割和实例分割的结合。作为视频处理分析中的核心问题，对于目标分割的研究还将持续进行。

参 考 文 献

[1] Long J, Shelhamer E, Darrell T. Fully convolutional networks for semantic segmentation//Proceedings of the IEEE Conference on Computer Vision and Pattern Recognition, 2015: 3431-3440.

[2] Arbeláez P, Pont-Tuset J, Barron J T, et al. Multiscale combinatorial grouping//IEEE Conference on Computer Vision and Pattern Recognition, 2014: 328-335.

[3] Bertasius G, Shi J, Torresani L. Semantic segmentation with boundary neural fields//IEEE Conference on Computer Vision and Pattern Recognition, 2016: 3602-3610.

[4] Khan J F, Bhuiyan S M A, Adhami R R. Image segmentation and shape analysis for road-sign detection. IEEE Transactions on Intelligent Transportation Systems, 2010, 12(1): 83-96.

[5] Rosenfeld A. The max Roberts operator is a Hueckel-type edge detector. IEEE Transactions on Pattern Analysis and Machine Intelligence, 1981, (1): 101-103.

[6] Lang Y, Zheng D. An improved Sobel edge detection operator//2016 6th International Conference

on Mechatronics, Computer and Education Informationization, 2016: 590-593.

[7] Yang L, Wu X, Zhao D, et al. An improved Prewitt algorithm for edge detection based on noised image//2011 4th International Congress on Image and Signal Processing, 2011, 3: 1197-1200.

[8] Ulupinar F, Medioni G. Refining edges detected by a LoG operator. Computer Vision, Graphics, and Image Processing, 1990, 51(3): 275-298.

[9] Canny J. A computational approach to edge detection. Readings in Computer Vision, 1987, 1: 184-203.

[10] Meyer F, Beucher S. Morphological segmentation. Journal of Visual Communication and Image Representation, 1990, 1(1): 21-46.

[11] Boykov Y Y, Jolly M P. Interactive graph cuts for optimal boundary & region segmentation of objects in ND images//Proceedings 8th IEEE International Conference on Computer Vision, 2001: 105-112.

[12] Rother C, Kolmogorov V, Blake A. "GrabCut" interactive foreground extraction using iterated graph cuts. ACM Transactions on Graphics, 2004, 23(3): 309-314.

[13] Tang M, Gorelick L, Veksler O, et al. Grabcut in one cut//Proceedings of the IEEE International Conference on Computer Vision, 2013: 1769-1776.

[14] Holland J H. Genetic algorithms and the optimal allocation of trials. SIAM Journal on Computing, 1973, 2(2): 88-105.

[15] Xiang Y, Chung A C S, Ye J. An active contour model for image segmentation based on elastic interaction. Journal of Computational Physics, 2006, 219(1): 455-476.

[16] Liu H, Chen Z, Chen X, et al. Multiresolution medical image segmentation based on wavelet transform//2005 IEEE Engineering in Medicine and Biology 27th Annual Conference, 2006: 3418-3421.

[17] Ren X. Local grouping for optical flow//2008 IEEE Conference on Computer Vision and Pattern Recognition, 2008: 1-8.

[18] Krizhevsky A, Sutskever I, Hinton G E. ImageNet classification with deep convolutional neural networks//Proceedings of the 25th International Conference on Neural Information Processing Systems, 2012: 1097-1105.

[19] Finlayson G D, Drew M S, Lu C. Entropy minimization for shadow removal. International Journal of Computer Vision, 2009, 85(1): 35-57.

[20] Finlayson G D, Hordley S D, Lu C, et al. On the removal of shadows from images. IEEE Transactions on Pattern Analysis and Machine Intelligence, 2006, 28(1): 59-68.

[21] Khan S H, Bennamoun M, Sohel F, et al. Automatic shadow detection and removal from a single image. IEEE Transactions on Pattern Analysis and Machine Intelligence, 2016, 38(3): 431-446.

[22] Vicente T F Y, Hou L, Yu C P, et al. Large-scale training of shadow detectors with noisily-annotated shadow examples//European Conference on Computer Vision, 2016: 816-832.

[23] Li G, Yu Y. Deep contrast learning for salient object detection//Proceedings of the IEEE Conference on Computer Vision and Pattern Recognition, 2016: 478-487.

[24] Liu N, Han J. Dhsnet: Deep hierarchical saliency network for salient object detection//Proceedings of the IEEE Conference on Computer Vision and Pattern Recognition, 2016: 678-686.

[25] Hu P, Shuai B, Liu J, et al. Deep level sets for salient object detection//Proceedings of the IEEE Conference on Computer Vision and Pattern Recognition, 2017: 2300-2309.

[26] Wang T, Borji A, Zhang L, et al. A stagewise refinement model for detecting salient objects in images//Proceedings of the IEEE International Conference on Computer Vision, 2017: 4019-4028.

[27] Zhang L, Dai J, Lu H, et al. A bi-directional message passing model for salient object detection//Proceedings of the IEEE Conference on Computer Vision and Pattern Recognition, 2018: 1741-1750.

[28] 王裕沛. 精细化图像像素级二分类问题研究. 北京: 中国科学院自动化研究所, 2019.

[29] Noh H, Hong S, Han B. Learning deconvolution network for semantic segmentation//Proceedings of the IEEE International Conference on Computer Vision, 2015: 1520-1528.

[30] Badrinarayanan V, Kendall A, Cipolla R. Segnet: A deep convolutional encoder-decoder architecture for image segmentation. IEEE Transactions on Pattern Analysis and Machine Intelligence, 2017, 39(12): 2481-2495.

[31] Simonyan K, Zisserman A. Very deep convolutional networks for large-scale image recognition//International Conference on Learning Representations. Computational and Biological Learning Society, 2015: 1-12.

[32] 武慧凯. 像素级图像理解高效特征融合方法研究. 北京: 中国科学院自动化研究所, 2020.

[33] Zoph B, Le Q V. Neural architecture search with reinforcement learning. https: //arXiv preprint arXiv: 1611. 01578 [2016-8-22] .

[34] Zoph B, Vasudevan V, Shlens J, et al. Learning transferable architectures for scalable image recognition//Proceedings of the IEEE Conference on Computer Vision and Pattern Recognition, 2018: 8697-8710.

[35] 唐浪, 李慧霞, 颜晨倩, 等. 深度神经网络结构搜索综述. 中国图象图形学报, 2021, 26(2): 245-264.

[36] Liu C, Chen L C, Schroff F, et al. Auto-deeplab: Hierarchical neural architecture search for semantic image segmentation//Proceedings of the IEEE/CVF Conference on Computer Vision and Pattern Recognition, 2019: 82-92.

[37] Shin R, Packer C, Song D. Differentiable neural network architecture search. https: //www. zhangqiaokeyan. com/patent-detail/06130500789359. html[2018-8-22] .

[38] Zhao H, Shi J, Qi X, et al. Pyramid scene parsing network//Proceedings of the IEEE Conference on Computer Vision and Pattern Recognition, 2017: 2881-2890.

[39] Yu F, Koltun V. Multi-scale context aggregation by dilated convolutions. https: //arXiv preprint arXiv: 1511. 07122[2015-9-12] .

[40] Chen L C, Papandreou G, Kokkinos I, et al. Deeplab: Semantic image segmentation with deep convolutional nets, atrous convolution, and fully connected CRFS. IEEE Transactions on Pattern Analysis and Machine Intelligence, 2017, 40(4): 834-848.

[41] Chen L C, Zhu Y, Papandreou G, et al. Encoder-decoder with atrous separable convolution for semantic image segmentation//Proceedings of the European Conference on Computer Vision, 2018: 801-818.

[42] He K, Zhang X, Ren S, et al. Deep residual learning for image recognition//Proceedings of the IEEE Conference on Computer Vision and Pattern Recognition, 2016: 770-778.

[43] Ronneberger O, Fischer P, Brox T. U-net: Convolutional networks for biomedical image segmentation//International Conference on Medical Image Computing and Computer-assisted Intervention, 2015: 234-241.

[44] Lin G, Milan A, Shen C, et al. Refinenet: Multi-path refinement networks for high-resolution semantic segmentation//Proceedings of the IEEE Conference on Computer Vision and Pattern Recognition, 2017: 1925-1934.

[45] Peng C, Zhang X, Yu G, et al. Large kernel matters-improve semantic segmentation by global convolutional network//Proceedings of the IEEE Conference on Computer Vision and Pattern Recognition, 2017: 4353-4361.

[46] Liu S, Qi L, Qin H, et al. Path aggregation network for instance segmentation//Proceedings of the IEEE Conference on Computer Vision and Pattern Recognition, 2018: 8759-8768.

[47] Takikawa T, Acuna D, Jampani V, et al. Gated-SCNN: Gated shape CNNs for semantic segmentation//Proceedings of the IEEE International Conference on Computer Vision, 2019: 5229-5238.

[48] Krähenbühl P, Koltun V. Efficient inference in fully connected CRFS with gaussian edge potentials//Advances in Neural Information Processing Systems, 2011: 109-117.

[49] Liu Z, Li X, Luo P, et al. Semantic image segmentation via deep parsing network//Proceedings of the IEEE International Conference on Computer Vision, 2015: 1377-1385.

[50] Chandra S, Kokkinos I. Fast, exact and multi-scale inference for semantic image segmentation with deep Gaussian CRFS//European Conference on Computer Vision, 2016: 402-418.

[51] 曾孟兰, 杨芯萍, 董学莲, 等. 基于弱监督学习的图像语义分割方法综述. 科技创新与应用, 2020, (8): 7-10.

[52] Xu J, Schwing A G, Urtasun R. Learning to segment under various forms of weak supervision//Proceedings of the IEEE Conference on Computer Vision and Pattern Recognition, 2015: 3781-3790.

[53] Dai J, He K, Sun J. Boxsup: Exploiting bounding boxes to supervise convolutional networks for semantic segmentation//Proceedings of the IEEE International Conference on Computer Vision, 2015: 1635-1643.

[54] Pathak D, Shelhamer E, Long J, et al. Fully convolutional multi-class multiple instance learning. https: //arXiv preprint arXiv: 1412. 7144[2014-10-6].

[55] Zhou B, Khosla A, Lapedriza A, et al. Learning deep features for discriminative localization//Proceedings of the IEEE Conference on Computer Vision and Pattern Recognition, 2016: 2921-2929.

[56] Kolesnikov A, Lampert C H. Seed, expand and constrain: Three principles for weakly-supervised image segmentation//European Conference on Computer Vision, 2016: 695-711.

[57] Huang Z, Wang X, Wang J, et al. Weakly-supervised semantic segmentation network with deep seeded region growing//Proceedings of the IEEE Conference on Computer Vision and Pattern Recognition, 2018: 7014-7023.

[58] Lin D, Dai J, Jia J, et al. Scribblesup: Scribble-supervised convolutional networks for semantic segmentation//Proceedings of the IEEE Conference on Computer Vision and Pattern Recognition, 2016: 3159-3167.

[59] He K, Gkioxari G, Dollár P, et al. Mask R-CNN//Proceedings of the IEEE International Conference on Computer Vision, 2017: 2961-2969.

[60] Liang X, Lin L, Wei Y, et al. Proposal-free network for instance-level object segmentation. IEEE Transactions on Pattern Analysis and Machine Intelligence, 2017, 40(12): 2978-2991.

[61] Bai M, Urtasun R. Deep watershed transform for instance segmentation//Proceedings of the IEEE Conference on Computer Vision and Pattern Recognition, 2017: 5221-5229.

[62] Liu Y, Yang S, Li B, et al. Affinity derivation and graph merge for instance segmentation// Proceedings of the European Conference on Computer Vision, 2018: 686-703.

[63] Gao N, Shan Y, Wang Y, et al. SSAP: Single-Shot instance segmentation with affinity pyramid//IEEE International Conference on Computer Vision, 2019: 642-651.

[64] Ren S, He K, Girshick R, et al. Faster R-CNN: Towards real-time object detection with region proposal networks//Proceedings of the 28th International Conference on Neural Information Processing Systems, 2015: 91-99.

[65] Huang Z, Huang L, Gong Y, et al. Mask scoring R-CNN[C]//Proceedings of the IEEE/CVF Conference on Computer Vision and Pattern Recognition, 2019: 6409-6418.

[66] Chen K, Pang J, Wang J, et al. Hybrid task cascade for instance segmentation//Proceedings of the IEEE/CVF Conference on Computer Vision and Pattern Recognition, 2019: 4974-4983.

[67] Cai Z, Vasconcelos N. Cascade R-CNN: Delving into high quality object detection//Proceedings of the IEEE Conference on Computer Vision and Pattern Recognition, 2018: 6154-6162.

[68] Kirillov A, Wu Y, He K, et al. PointRend: Image segmentation as rendering//Proceedings of the IEEE/CVF Conference on Computer Vision and Pattern Recognition, 2020: 9799-9808.

[69] Pinheiro P O, Collobert R, Dollár P. Learning to segment object candidates//Proceedings of the 28th International Conference on Neural Information Processing Systems, 2015: 1990-1998.

[70] Li Y, Qi H, Dai J, et al. Fully convolutional instance-aware semantic segmentation//Proceedings of the IEEE Conference on Computer Vision and Pattern Recognition, 2017: 2359-2367.

[71] Chen X, Girshick R, He K, et al. Tensormask: A foundation for dense object segmentation// Proceedings of the IEEE/CVF International Conference on Computer Vision, 2019: 2061-2069.

[72] Han Y, Huang G, Song S, et al. Dynamic neural networks: A survey. https://arXiv preprint arXiv: 2102.04906[2021-5-23].

[73] Wang X, Zhang R, Shen C, et al. Solo: A simple framework for instance segmentation. https:// arXiv preprint arXiv:2106.15947[2021-9-2].

[74] Bodla N, Singh B, Chellappa R, et al. Soft-NMS——improving object detection with one line of code//Proceedings of the IEEE International Conference on Computer Vision, 2017: 5561-5569.

[75] Kirillov A, Girshick R, He K, et al. Panoptic feature pyramid networks//Proceedings of the IEEE Conference on Computer Vision and Pattern Recognition, 2019: 6399-6408.

[76] Lin T Y, Dollár P, Girshick R, et al. Feature pyramid networks for object detection//Proceedings of the IEEE Conference on Computer Vision and Pattern Recognition, 2017: 2117-2125.

[77] Xiong Y, Liao R, Zhao H, et al. Upsnet: A unified panoptic segmentation network//IEEE Conference on Computer Vision and Pattern Recognition, 2019: 8818-8826.

[78] Kirillov A, He K, Girshick R, et al. Panoptic segmentation//Proceedings of the IEEE Conference on Computer Vision and Pattern Recognition, 2019: 9404-9413.

[79] Li Y, Chen X, Zhu Z, et al. Attention-guided unified network for panoptic segmentation//IEEE Conference on Computer Vision and Pattern Recognition, 2019: 7026-7035.

[80] Chen Y, Lin G, Li S, et al. BANet: Bidirectional aggregation network with occlusion handling for panoptic segmentation//IEEE Conference on Computer Vision and Pattern Recognition, 2020: 3793-3802.

[81] Wu Y, Zhang G, Gao Y, et al. Bidirectional graph reasoning network for panoptic Segmentation// IEEE Conference on Computer Vision and Pattern Recognition, 2020: 9080-9089.

[82] Lazarow J, Lee K, Shi K, et al. Learning instance occlusion for panoptic segmentation//IEEE Conference on Computer Vision and Pattern Recognition, 2020: 10720-10729.

[83] Cheng B, Collins M D, Zhu Y, et al. Panoptic-Deeplab: A simple, strong, and fast baseline for bottom-up panoptic segmentation//IEEE Conference on Computer Vision and Pattern Recognition, 2020: 12475-12485.

[84] Carion N, Massa F, Synnaeve G, et al. End-to-end object detection with transformers//European Conference on Computer Vision, 2020: 213-229.

第5章 目 标 跟 踪

5.1 引　　言

5.1.1 基本概念介绍

视觉目标跟踪(visual object tracking, VOT)作为计算机视觉技术的重要任务，广泛应用于视频监控、交通管理、智能手机、自动驾驶、虚拟现实，以及人机交互等相关领域中。VOT 任务示例如图 5.1 所示。目标跟踪融合了图像处理、机器学习，以及人工智能等相关领域的关键技术，以视频序列图像帧为研究对象，关注视频场景中存在的目标对象。目标跟踪算法通过在连续视频帧之间创建基于位置、速度、颜色、纹理、关键点、形状等特征的关联匹配，估计被跟踪目标的位置，确定目标的运动速度、方向、轨迹等运动信息，并建立目标对象在帧间的关系。

图 5.1　VOT 任务示例[1]

通过目标跟踪任务可以实现对运动目标行为的分析和理解，以便完成更高级的任务。因此，目标跟踪在一系列领域中都有重要的应用前景。

① 自动驾驶。随着电动汽车的逐步普及，人们对高级别自动驾驶的需求不断攀升。以视觉分析为关键技术的自动驾驶系统需要基于场景识别、目标跟踪和轨迹预测完成车辆行为决策。其中，通过 VOT 捕获车辆周围环境中的行人、车辆，以及其他障碍物的运动轨迹状态，对自动驾驶系统至关重要。

② 智能交通。随着目前城市机动车辆的逐渐增多和车流密度的逐渐增大，智能交通系统通过目标检测和跟踪技术对车辆进行实时检测和跟踪，进一步自动获取车辆的流量、车速、车流密度、道路拥塞状况等信息，进而辅助调度与决策。其中，VOT 多服务于交通流量控制、车辆异常行为检测、行人行为判定、智能车辆识别等多个方面。

③ 智能监控。作为目标跟踪中重要和传统的应用领域，智能监控系统通过对

视频中的目标进行识别、跟踪处理，可以提取相应的关键信息，完成对可疑人员、异常事件等的实时分析。以"雪亮工程"为例，智能监控作为智慧城市建设的数字化核心，通过城市中海量的视频端口对人民生活进行精确记录，可以有效守护城市的公共安全，并在重大活动的安全保障中发挥重要作用。

④ 人机交互。在人机交互中，计算机需要对人的表情、手势、姿态、身体动作进行分析，而要想获得表情、手势、姿态等高级语义信息，首先需要实现人脸、手部、人体的定位与跟踪。

5.1.2 任务、问题与挑战

在发展过程中，目标跟踪任务逐步演化出若干子任务。如图 5.2 所示，以摄像头个数和被跟踪的目标个数为划分标准，目标跟踪任务可以进一步分为三类，即单摄像机单目标跟踪、单摄像机 MOT 和多摄像机目标跟踪。根据摄像机之间是否有重叠，可以将多摄像机目标跟踪进一步细分为重叠场景多摄像机跟踪和非重叠场景多摄像机跟踪。

图 5.2　目标跟踪分类[2-5]

单摄像机目标跟踪指的是单一视角下对一个或多个目标进行跟踪，也是目标跟踪的基础任务。其优点在于，算法相对简单、计算量小，可以广泛用于固定或移动的相机，但是由于单摄像机视野过于局限，往往容易出现严重遮挡导致目标丢失的情况。在重叠场景多摄像机跟踪中，多个摄像机有着重叠而又不同的视角，利用多视角的信息可以有效降低遮挡因素的影响，扩大跟踪区域，因此重叠场景的多摄像机目标跟踪应运而生，但是这种摄像机网络需要的摄像机数量较高，导致设备购买和系统搭建的成本较高、经济性较差，并且融合多摄像机的信息会产生极大的计算开销，因此这种重叠场景的多摄像机目标跟踪系统只应用于少数需要重点监控的关键场所。鉴于重叠场景多摄像机网络的上述局限，非重叠场景的多摄像机网络应用更加普遍。非重叠视野多摄像机的各摄像机视野互相不重叠，因此可以跟踪更大范围的区域，但同时也给目标跟踪算法提出更大的挑战。同一目标在不同摄像机下出现时在时间和空间上都有盲区，因此目标离开并再次进入视场的过程给跨摄像机目标的匹配与识别带来极大挑战。

从表观层面来讲，大部分目标是具有复杂外形的非刚性物体，其表观容易受到阴影、光照变化、遮挡因素的干扰。因此，良好的跟踪器应具有鲁棒的表观模型，从而适应物体的表观变化，并抵抗背景因素的干扰。对于 MOT 任务，场景中存在的多个目标通常具有相似表观，且极大可能出现运动轨迹交叉的情况。因此，MOT 算法不仅需要在帧间进行目标匹配，还需要区分不同的目标。MOT 的关键是解决数据关联问题。对于跨摄像机目标跟踪任务，其最大的难点在于判断进入某摄像机的目标是否在别的摄像机出现过，针对这一问题的研究也衍生出行人重识别问题。此外，现实场景中有可能出现目标所占区域过小、被跟踪数目过多等情况，这些因素都会提升跟踪的复杂度，并对目标跟踪方法提出更高的要求。近年来，海量数据驱动的深度学习方法推动目标跟踪任务取得了长足的进步，但是仍然存在一系列重大的挑战。

本章从任务划分的角度介绍单摄像机单目标跟踪、单摄像机 MOT、多摄像机目标跟踪。针对每个子任务，从任务定义、研究方法、应用场景等角度展开，旨在帮助读者了解视频目标跟踪的发展脉络，激发读者对相关任务的研究兴趣。

5.2　单摄像机单目标跟踪

单摄像机单目标跟踪(以下简称单目标跟踪)是计算机视觉领域的一个非常重要的基础研究方向。该任务的基本定义是，在一段视频当中，仅给定某运动物体初始位置的条件下，持续定位该物体来估计其完整运动轨迹。

单目标视觉跟踪在一系列视觉理解任务中发挥着重要作用，包括视频目标检测、视频目标分割、自监督学习等。在这些视觉任务中，单目标跟踪通常用于对一段时间内的目标定位结果在时序上进行关联，以匹配这些检测结果的身份，并生成对应的运动轨迹；用于弱监督挖掘视频中的运动物体，产生大量自动标注的图像样本，以实现更加自动化的深度神经网络表征学习。这些应用得益于单目标视觉跟踪的时序决策和类别无关等特性，展示了其广泛的应用方向和发展潜力。

考虑单目标视觉跟踪在现实场景中的潜在应用价值，近年来该领域受到越来越多研究者的关注。早期的单目标跟踪方法与目标检测和识别是分开进行的,需要依赖背景建模或者目标检测等手段提取前景运动目标。随着目标检测和识别算法的性能及效率的优化提升,基于检测的跟踪(detection-based tracking, DBT)方法逐渐发展为主流。具体地,根据表观特征构建方式的不同,针对单目标视觉跟踪的研究可以划分为两大类,即基于手工设计特征的传统方法和基于可学习神经网络特征的深度学习方法。传统单目标跟踪方法利用手工设计的表观特征,通过设计复杂的表观模型及其在线更新方式实现稳定的跟踪。随着深度学习的发展,基于深度学习的目标跟踪方法将传统方法中的不同模块(特征表达、分类模型、定位模型和在线更新模型等)作为整体,通过在大规模训练数据上的离线优化过程,找到某种目标下的更优跟踪模型。

本节首先对传统单目标跟踪方法进行介绍,通过对运动模型、特征表达、表观模型和算法更新模块的研究重点和代表方法进行梳理,建立单目标跟踪的工作流程和完整框架。然后,重点介绍基于深度学习的单目标跟踪方法,从传统跟踪模型和深度学习的结合过渡到深度学习时代的主流跟踪方法——基于孪生网络的跟踪模型,通过介绍这一阶段的代表性方法,完成对发展脉络的梳理。最后,介绍单目标跟踪任务与视频目标分割任务的结合,以及单目标跟踪任务发展过程中的任务定义演变,从任务结合和任务拓展的角度对单目标跟踪的发展方向进行展望。

5.2.1 传统单目标跟踪方法

基于在线学习的单目标跟踪算法一般由人工特征和浅层外观模型构成,通过简单有效的视觉特征和浅层匹配,或分类模型设计出高效且鲁棒的跟踪算法。传统单目标跟踪算法基本上都属于在线目标跟踪算法,通常由运动模型、特征表达、表观模型和算法更新四部分构成。单目标跟踪框架分类示意图如图 5.3 所示。本节从上述四部分展开,对每个模块进行优化的代表性方法进行介绍。

1. 运动模型

单目标跟踪可看成一个序列状态估计的问题,即通过动作、观测和状态估计的序列推理过程完成对运动目标的轨迹预测。在跟踪过程中,通常需要根据运动目标的历史状态和观测信息,基于某种假设,估计其在下一帧可能出现的位置或者状态分布,即对单目标跟踪过程进行运动建模。在近年的传统跟踪方法中,常用的运动模型有粒子滤波和滑动窗口。

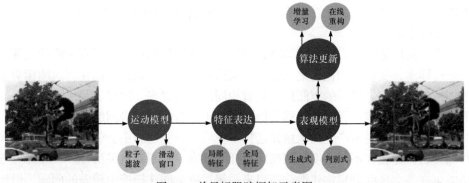

图 5.3　单目标跟踪框架示意图

(1) 粒子滤波

Kalman[6]提出卡尔曼滤波的思想，利用线性系统状态方程，通过系统输入输出观测数据，实现对系统状态的最优估计。由于观测数据包含系统噪声，因此最优估计也可以看作滤波过程。利用前 n 帧的数据输入，卡尔曼滤波可以有效预测第 $n+1$ 帧中目标的位置。虽然卡尔曼滤波可以有效解决目标缺失和遮挡的问题，但是只适合线性系统，应用范围有限。目前，卡尔曼滤波方法主要应用于导航、制导和控制领域。

针对卡尔曼滤波适用范围较小这一问题，有研究者提出粒子滤波[7]的方法。其本质可以看成卡尔曼滤波的拓展，通过迭代推导预测目标的隐藏状态。粒子滤波基于蒙特卡罗方法，将目标的状态概率分布用一群随机粒子近似，并基于序贯重要性采样，迭代更新这些粒子，以实现对目标状态的概率估计，具有良好的数据模型理论保证。粒子滤波方法被广泛应用于早期的单目标视觉跟踪模型中[8]。在具体实践中，基于粒子滤波的算法通常假设目标的中心点位置和长宽比变化在相邻帧之间符合正态分布，并对发生变化的状态进行采样估计，因此可以通过状态粒子模拟物体的位置、尺度、宽高比、旋转、透视和形变等变换因素，以实现更准确的定位。

另一种基于随机粒子分布状态进行目标跟踪的方法是均值漂移(mean shift，MS)算法[9]。它直接运用最速下降法向梯度下降方向对目标模板逐步迭代，直到最优位置。MS 算法的执行流程如下，首先对样本点与中心点的矢量差求平均值，其中矢量和的方向就是概率密度增加的方向，并沿着概率密度增加的方向移动向量；然后，以此为新的起点继续移动向量，直到找到最优解。

然而，基于 MS 算法的跟踪器存在明显缺陷，即 MS 算法计算时未对样本点施加权重，即无论样本点距离中心点的远近，其贡献都是一样的。当目标被障碍物遮挡或出现运动模糊时，目标外层特征容易由背景干扰导致算法准确性降低。针对这一情况，一种直观的思路是赋予不同位置采样点不同的权值。离中心点越近的采样点权值越高，反之亦然。文献[10]引入核函数来提高 MS 算法的鲁棒性。

(2) 滑动窗口

滑动窗口是一种穷举搜索策略，通过在跟踪结果附近遍历所有可能的位置产生候选样本，实现规则化密集采样。滑动窗口模型首先假设目标在当前帧相对于上一帧的每个均匀移动的空间位置具有相同的先验概率。通过这种局部均匀采样的方式可以有效建模目标的平移变换，有助于结合卷积神经网络进行特征提取。然而，滑动窗口模型产生的大量候选样本在后续计算过程中会带来很大的计算和存储开销，并且在不同尺度和宽高比的样本搜索方面不具有灵活性。虽然部分方法尝试在多个尺度分别构建滑动窗口来缓解尺度空间建模能力较差的问题，但是仍然难以适应目标在后续帧中出现的长宽比变化和旋转变化。

在实际选用采样方法构建运动模型的过程中，应该平衡考虑，即以粒子滤波为代表的随机采样方法虽然有助于模型更好地适应尺度变化，但是会给算法速度优化带来巨大的挑战。以滑动窗口为代表的规则化采样方法则需要考虑采样密度。密集采样有助于提升跟踪精度，但是计算量和存储开销较大，会显著降低运算速度，影响实际应用效果；反之，过于稀疏的采样尽管有助于提升运算速度、降低存储空间，但是会使后续模型学习的难度增加。

2. 特征表达

基于在线学习的目标跟踪算法旨在提出一种快速有效的特征提取方法，通过提取的视觉特征对目标进行有效描述，并将目标与其他区域区分。特征表达模块对跟踪精度有较大影响，良好的特征表达算法需要对光照、视角、形变等挑战因素都具有良好的鲁棒性。

早期的单目标跟踪方法通常将目标或候选样本图像视为一个整体来提取全局特征，以构建表观模型。该阶段通常采用专家手工设计的特征从纹理、颜色、形态等角度对目标的特征进行描述。比较有代表性的特征包括 Haar 特征[11]、HOG 特征[12]等。

这些特征表达方法往往针对运动目标的整体表观来提取特征，并构建表观模型，如分类器、稀疏表达模型、特征子空间等。这些方法虽然建模简单，但是难以处理跟踪中常见的局部噪声，如背景干扰、物体形变、遮挡等。

考虑局部噪声出现时，尽管运动目标的全局表观发生了很大的变化，但是一部分未受干扰的局部特征仍可用于目标的准确判别和定位，许多基于局部特征表达的跟踪方法相继被提出。这些跟踪方法包括基于分块稀疏表达的跟踪模型[13]、基于可形变部件的跟踪模型[14]、通过池化组织局部特征的跟踪模型[15]和基于与或图的跟踪模型[16]等。这类基于局部特征的跟踪方法将目标或候选样本划分为多个独立的部件，并通过池化、投票等方式融合不同部件的信息，实现遮挡、形变等干扰下的鲁棒跟踪。

基于全局特征表达的跟踪方法虽然模型简单且运算速度较快,但是面对遮挡、形变和背景噪声等干扰因素时的鲁棒性较弱。相反,基于局部特征表达的跟踪模型不易受局部噪声干扰,能在复杂场景下实现更加稳定的跟踪,但是模型更加复杂,计算复杂度相对更高。

3. 表观模型

表观模型(也称外观模型、观测模型)是大部分跟踪方法关注的重点,希望在当前帧判断候选图像区域属于被跟踪目标的可能性。表观模型根据图像区域的视觉特征,对其进行匹配或决策,并给出置信度分数。按照思路的不同,其可分为生成式模型(generative model)和判别式模型(discriminative model)。生成式跟踪模型从信号表达的角度出发,关注如何有效地拟合与重构数据。判别式方法通过显示建模运动目标和背景之间的分类器,学习二者之间的判别信息,已经成为目标跟踪中的主流方法。

基于生成式学习的表观模型通过统计目标的表观分布,在每一帧中通过最小化重构误差,实现对目标的搜索。因为生成式方法通常使用正样本学习模型参数,所以判别能力相对较弱。在目标跟踪发展早期,Lucas 等[17]提出基于光照强度的模板匹配算法,实现目标跟踪。Matthews 等[18]通过对首帧信息和前一帧的预测结果进行融合的方式更新模板特征,从而减少模型漂移,提升模型对光照和形变的鲁棒性。为了更好地适应目标的表观变化,部分工作采用基于子空间学习的方法实现目标跟踪过程。文献[19]通过光流跟踪方法将目标映射到低维子空间,从而跟踪不同光照条件下的跟踪对象。为了进一步提升鲁棒性,文献[20]提出一个较为鲁棒的误差范数,并使用不同视角下特征向量的投影实现跟踪过程。

与生成式跟踪模型不同,判别式跟踪方法通过学习运动目标与背景之间的分类模型完成表观建模。其中,鲁棒的目标跟踪主要受跟踪过程中训练样本的获取、训练样本的质量、判别学习算法对目标的建模能力等因素的影响。从方法发展的角度,此类目标跟踪方法可以分为基于传统机器学习的目标跟踪方法和基于相关滤波学习的目标跟踪方法。

这里介绍两种基于传统机器学习的目标跟踪方法,即基于检测的目标追踪学习检测(tracking-learning-detection,TLD) 方法[21]和对 TLD 算法的缺点进行优化的核依赖结构化输出追踪(structured output tracking with kernels,记为 Struck)[22]方法。

Kalal 等于 2011 年提出 TLD 算法,首先将长时目标跟踪问题分解为跟踪、学习、检测三部分,并将传统的跟踪算法和传统的检测算法相结合,解决被跟踪目标在被跟踪过程中发生的形变、部分遮挡等问题。同时,通过一种改进的在线学习机制不断更新跟踪模块的显著特征点和检测模块的目标模型及相关参数,实现更加稳定和鲁棒的跟踪效果。如图 5.4 所示,TLD 跟踪器基于连续帧之间目标运动连续性假设，完成对相邻帧之间的目标运动估计。针对镜头视角变化导致跟踪器出错的情况，检测器独立扫描每一帧画面，并观察画面中是否包含已经学习过的目标。针对检测器存在的误检和漏检，学习模块通过监督跟踪器和检测器的效果估计检测器的错误，并产生新的训练样本，确保未来帧尽量规避此类错误。借助学习模块部分，TLD 算法可以强化检测器的目标识别和背景区分能力。

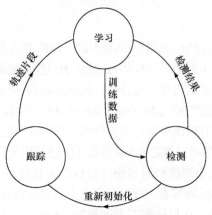

图 5.4　TLD 算法框图[21]

　　TLD 算法的优点在于，通过不断学习被锁定的目标获取目标最新的表观特征，从而及时完善跟踪，以达到最佳的状态，即虽然单目标跟踪任务在初始状态只提供一帧静止的目标图像，但是随着目标的不断运动，系统能持续不断地进行探测，获知目标在角度、距离、景深等方面的改变，进行实时跟踪。因此，在经过一段时间的学习之后，目标就可以被锁定。这种跟踪和检测相结合的策略是一种自适应的、可靠的跟踪技术，通过同时运行跟踪器和检测器确保二者产生的结果都参与学习过程，并且学习后的模型又反作用于跟踪器和检测器，实现实时更新，最终实现即使在目标外观发生变化的情况下，目标也能够被持续跟踪。TLD算法各模块间的关系如图 5.5 所示[21]。

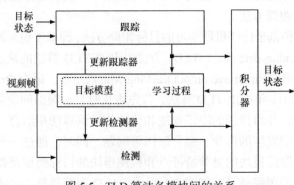

图 5.5　TLD 算法各模块间的关系

TLD算法通过对正负样本训练一个分类器。在新的一帧图像到来时，跟踪算法在上一帧预测的目标位置上生成大量样本候选框，将样本候选框送入分类器，并通过计算得到分类得分，最终将分类得分最高的位置确定为目标在当前帧的位置。然而，这一计算流程存在两个问题。

① 正负样本的质量对训练分类器至关重要，因此算法需要设计策略得到有效的正负样本。TLD算法采用一种直观的策略，即将物体周围较近区域的候选框设定为正样本，将距离目标周围较远的区域设定为负样本，但是该策略存在明显的局限性。

② 在计算分类得分并从候选样本框中确定目标位置时，TLD 算法未将候选框打分和位置估计进行统一，而是采用分开计算的原则。

针对上述两个问题，文献[22]提出 Struck 算法，在目标跟踪任务中借鉴物体检测模型的结构化学习方法，取得 2013 年 VOT 挑战赛目标跟踪算法的冠军。如图 5.6 所示，与 TLD 算法及其他 DBT 方法不同，Struck 算法不再训练一个预测标签的分类器判定候选框是正样本还是负样本，而是通过一个函数直接对目标位置偏移量进行估计。该函数通过结构化输出的支持向量机(structured output SVM)[23]实现，即

$$y_t = f(x_t^{P_{t-1}}) = \underset{y \in Y}{\operatorname{argmax}} F(x_t^{P_{t-1}}, y) \tag{5.1}$$

其中，P_{t-1} 为上一帧目标位置信息；$x_t^{P_{t-1}}$ 为位于 P_{t-1} 位置的图像区域特征；$y \in Y$ 为位置偏移量搜索空间；y_t 为最佳的位置偏移量。

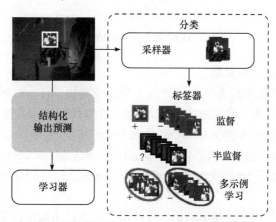

图 5.6 Struck 算法(左侧)与传统的 DBT 方法(右侧)的区别[22]

值得注意的是，结构化输出支持向量机输出空间不是{-1,1}，而是整个搜索空间 Y。函数 F 可以写为 $F(x,y) = \langle w, \Phi(x,y) \rangle$，其中 w 指的是支持向量机的参数，$\Phi(x,y)$ 是一个将支持向量机扩展成非线性核的函数。当给出一些样本 $\{(x_1,y_1),\cdots,$

$(x_n, y_n)\}$ 时，可以通过二次规划学习 $F(x, y)$ 的最大边界[24]，即

$$\min_w \frac{1}{2} \| w \|^2 + C \sum_{i=1}^n \xi_i$$

$$\text{s.t.} \quad \xi_i \geqslant 0 \tag{5.2}$$

$$\forall i, \ \forall y \neq y_i, \quad \langle w, \delta \Phi_i(y) \rangle \geqslant \Delta(y, y_i) - \xi_i$$

其中，y_i 为正确的变换；y 为所有可能的变换；C 为常数；ξ_i 为松弛项；$\delta \Phi_i(y) = \Phi(x_i, y_i) - \Phi(x_i, y)$。

对称损失的计算方式 $\Delta(y, y_i) = 1 - \text{IoU}(y, y_i)$，其中 IoU 指的是通过两种状态变换方式 y, y_i 所产生的目标物体框的交并比。然而，将结构化输出支持向量机用到目标跟踪会导致样本数量无限制增长，因此采用限定最大数量样本的方法[25]进行样本合并，并通过对样本的筛选使模型的参数值变化最小。

以 TLD 算法和 Struck 算法为代表的基于机器学习的目标跟踪方法在分类器构建和在线更新过程中通常面临较大的计算开销，导致跟踪速度受限。2011 年以来，基于相关滤波的跟踪算法使用岭回归学习，通过循环移位的采样方式在频域中利用快速傅里叶变换(fast Fourier transform，FFT)进行高效求解，具有较好的速度优势，因此成为目标跟踪领域新的研究重点。相关滤波源于信号处理领域，通常使用卷积表示相关操作。相关性用于度量两个信号之间的相似程度，对于信号 f 和 h，它们的相关性可以定义为

$$(f \otimes h)(\tau) = \int_{\infty}^{-\infty} f^*(t) h(t + \tau) \mathrm{d}t \tag{5.3}$$

$$(f \otimes h)(n) = \sum_{-\infty}^{\infty} f^*(m) h(m + n) \tag{5.4}$$

其中，f^* 表示 f 的共轭复数。

基于相关滤波的跟踪方法通过寻找一个滤波模板，让下一帧的图像与当前的滤波模板做卷积操作，响应最大的区域为预测的目标。代表性的相关滤波算法有误差最小平方和滤波器(minimum output sum of squared error filter，MOSSE)算法[26]、基于循环结构的核依赖(circulant structure of tracking-by-detection with kernels，CSK)方法[27]和核化的相关滤波器(kernelized correlation filters，KCF)方法[28]等。

MOSSE 算法[26]于 2010 年提出，通过相关滤波算法构建目标与背景之间的分类模型。MOSSE 算法可以巧妙地将样本采样、分类器学习和分类器推理的过程统一在傅里叶域完成，避免样本采样、特征提取和模型构建等过程的大量开销，运行速度可以达到 669 帧/秒。

文献[26]使用 MOSSE 算法训练最优的滤波器模板，使其在目标上的响应最

大为

$$(f \otimes h)(\tau) = \int_{\infty}^{-\infty} f^*(t)h(t+\tau)dt \tag{5.5}$$

其中，f 表示输入的固定图像；h 表示滤波器模板。

由于卷积运算计算量很大，因此 MOSSE 算法利用 FFT 将 f 和 h 在频域内进行表示。根据卷积定理，时域上的卷积等于频域上的乘积，因此函数互相关的傅里叶变换等于函数傅里叶变换的乘积。通过将卷积操作转换为点乘操作，可以实现对计算量的极大削减。

具体而言，首先将输入图像和滤波器通过算法变换到频域，在频域直接相乘后再变回时域，相应的响应结果为

$$F(g) = F(f*h) = F(f) \odot F(h)^* \tag{5.6}$$

其中，F 表示傅里叶变换；$\odot$ 表示点乘运算。

式(5.6)也可以简写为

$$G = F \odot H^* \tag{5.7}$$

因此，仅求解 H^* 即可。

对于目标跟踪，通常需要考虑目标外观变化等因素的影响，所以需要同时考虑多张图像，进而提升滤波器模板的鲁棒性。因此，求解 H^* 的目标函数可以写为

$$\min_{H^*} = \sum_{i=1}^{m} |H^* \odot F_i - G_i|^2 \tag{5.8}$$

通过求导可以得到函数的最优值。

一系列相应的方法在 MOSSE 算法的基础上被相继提出，如 CSK 方法[27]和 KCF 方法[28]。在 CSK 方法中，Henriques 等[27]利用循环移位矩阵理论对相关滤波远离及逆行解释，并推导相关滤波学习过程，奠定了基于相关滤波跟踪方法的理论基础。由于使用循环结构，CSK 方法在求解过程中基本上不需要矩阵运算，因此具有非常快的运算速度。

在 CSK 工作的基础上，Henriques 等[28]提出 KCF 方法。通过进一步将相关滤波中的线性回归分析拓展至核回归分析，在结合 HOG 特征实现特征提取的同时保留传统相关滤波方法的封闭解，KCF 方法取得较好的跟踪效率。随后，大量针对相关滤波跟踪方法的改进相继被提出，如通过优化在线更新方式[29]、引入多帧历史训练数据[30]、缓解边缘效应[31]等方法改进跟踪性能。

总体而言，判别式跟踪方法通常能取得比生成式跟踪方法更优的性能。这主要是由于判别式跟踪方法能更直接地找出目标与背景之间有区分度的信息，相对容易避免跟踪模型漂移到背景区域。当然，也有方法将生成式模型与判别式模型

相结合，形成混合模型。

4. 算法更新

在单目标跟踪过程中，运动目标的表观形态和背景信息通常会随着时间不断变化，跟踪方法一般需要通过某种在线更新机制适应其表观变化，从而实现对目标的持续跟踪。然而，在跟踪任务中只有第一帧给定了标注信息，其后所有帧的监督信息完全由跟踪方法根据其定位结果采集得到，可靠性无法保证。因此，在线更新策略的一个关键设计是，如何在跟踪模型的适应性和鲁棒性之间取得平衡，使模型在适应目标表观变化的同时不易受短期跟踪失败的影响发生模型漂移。

传统跟踪方法中常用的模型更新策略可分为两类，一类通过增量学习实现模型的高效更新，另一类在跟踪过程中在线采集训练数据，通过在新数据上重新构建表观模型完成更新。基于增量学习的更新过程通常是在第一帧初始化一个表观模型，并定期基于最近采集的少量训练样本对该表观模型做一定的调整。由于每次更新时无需重新构建模型，这类方法一般速度较快。文献[32]提出一种基于增量子空间分解的单目标跟踪方法。该方法将运动目标表达为若干子空间特征向量的线性组合，并基于一种改进的限制单值分解(restricted singular value decomposition, R-SVD)算法[33]增量更新这些特征向量，从而实现模型的在线学习。

与此相对，另一类跟踪方法通过在线采集样本和重新训练模型完成更新。例如，文献[34]提出的基于稀疏表达的跟踪方法，在跟踪过程中维护一个模板池(用于稀疏编码的字典)，通过一种遗忘机制在线更新模板池中的数据，适应目标的表观变化。这类方法由于使用额外的样本池，通常对存储空间有更高的要求，并且由于模型在定期更新时会重新建模，跟踪速度一般较低。

总而言之，基于增量学习的模型更新方式对存储和计算量的需求更低，执行速度通常更快，但是更容易受累计误差的影响而发生模型漂移；相反，基于样本池的模型更新方式一般需要更大的存储空间和计算量。由于这些方法完整保存了历史训练样本，相对不容易受累计误差的影响[35]。

5.2.2 基于深度学习的单目标跟踪

尽管基于在线学习的浅层跟踪模型取得极大的进步，但是这类方法往往无法有效应对目标剧烈形变、遮挡和相似物体干扰等情况。近几年来，随着深度学习在计算机视觉领域的广泛应用，在众多任务上取得超越传统方法的优异性能。基于深度学习的单目标跟踪方法也被相继提出。在大数据、大算力、大模型的驱动下，此类方法在准确率、鲁棒性和跟踪速度上不断攀升，并逐渐超越传统方法，成为单目标跟踪领域的主流方向。

基于深度学习的单目标跟踪方法与传统跟踪方法在设计上的差异较大。由此可知，传统跟踪方法将跟踪过程分为运动模型、特征表达、表观模型和算法更新四个步骤，并对上述步骤进行独立建模，形成一个完整的单目标跟踪系统。然而，基于深度学习的跟踪方法尝试将跟踪过程中的表观模型与其他一个或者多个模块进行有效结合，并通过在大规模训练数据上进行联合优化得到整体更优的跟踪模型。

本节首先介绍一些早期基于深度学习的跟踪方法，此类方法直接将手工特征替换为深度特征，并应用于传统跟踪模型框架来实现性能提升。此外，本节还介绍一系列针对跟踪任务设计的基于孪生网络的跟踪方法。此类方法将单目标跟踪视作局部实例检索任务，能有效规避采样和在线学习带来的计算开销，成为深度学习时代的主流模型。

1. 传统跟踪模型与深度学习的结合

深度学习方法最初引入单目标跟踪领域时，主要沿用传统跟踪框架，仅将特征提取、物体定位等少数模块替换为深度神经网络。训练栈式降噪自编码器用于目标特征提取如图 5.7 所示。

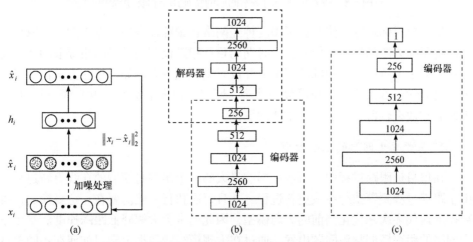

图 5.7　训练栈式降噪自编码器用于目标特征提取[36]

2013 年，香港科技大学提出深度学习追踪器(deep learning tracker，DLT)[36]，用深度特征代替传统的手工特征，并在跟踪的过程中进一步微调编码器的参数，以适应目标和背景的变化，实现鲁棒跟踪。

作为早期的尝试，DLT 方法存在离线训练的图像尺寸过小、网络层数较低、表达能力不强等局限性，但仍为后续方法提供了重要的研究思路[37,38]。

2015 年来，一系列卷积神经网络模型在 ImageNet 大规模分类数据库上取得越来越高的准确率。受此启发，目标跟踪领域开始直接使用 ImageNet 预训练网络提取目标的特征，再利用观察模型进行分类获得跟踪结果。这种做法既可以避开跟踪时因样本不足而无法直接训练卷积神经网络样本的困境，也可以充分利用深度特征强大的表征能力。

文献[39]提出使用 FCN 实现对同一个区域内所有候选样本的提取，加速跟踪过程。将卷积神经网络不同层的特征用于目标跟踪如图 5.8 所示。文献[39]进一步将相关滤波方法和深度卷积神经网络结合，提升基于深度学习跟踪方法的速度和性能。

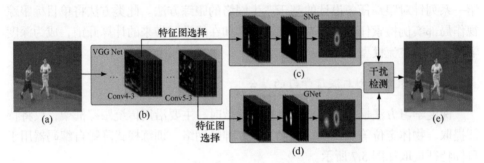

图 5.8　将卷积神经网络不同层的特征用于目标跟踪[39]

尽管单目标跟踪方法验证了深度神经网络在跟踪任务中的有效性，并取得优于传统跟踪方法的性能，但是这一时期的目标跟踪仅利用神经网络提取的特征替换传统的手工特征，在跟踪的框架上并没有太大改进。例如，这些方法仍然采用传统机器学习方法构建表观模型(分类器、回归器和概率模型等)和在线更新模型，因此通常效率较低，未能达到整体的更优。

2. 基于孪生网络的跟踪模型

在单目标跟踪过程中，对速度影响最大的一个步骤是模型的在线更新过程。由于跟踪过程频繁执行在线更新过程，并且每次执行一般需要在一定规模的训练数据上迭代多次来优化当前的表观模型，因此通常会大幅降低跟踪速度。基于孪生网络的跟踪模型从该问题出发，通过在大规模视频数据上学习如何在不同表观变化下匹配目标与候选样本，将跟踪问题转化为目标的局部匹配问题，从而无需复杂的在线更新即可实现较为稳定的跟踪。

孪生网络思想最早出现于 1993 年，孪生表明该网络是连体的神经网络，通过共享权值实现。2014 年，文献[40]提出基于孪生网络的实例搜索跟踪器。该方法通过在大量视频上学习实例匹配函数，并将候选样本与首帧标注对比完成跟踪。然而，该方法需要在全图范围内采样大量候选样本，跟踪速度相对较慢。直到全卷积孪生网络(fully-convolutional Siamese networks，SiamFC)[41]及一系列改进优化方法的提出，孪生网络框架用于跟踪才取得显著的效果，引起广泛的关注。下面介绍以 SiamFC 为代表的几种基于孪生网络的跟踪模型。

(1) 基于孪生网络进行单目标跟踪

牛津大学的研究者在大规模数据集上使用离线训练得到具备相似性学习能力的 SiamFC。该网络在后续跟踪过程中仅需将首帧的目标区域和当前帧的搜索区域进行匹配，并最终得到目标位置。

如图 5.9 所示，SiamFC 在首帧获取目标位置，并经过预处理得到模板图像 z。在后续帧中，区域 x 代表当前帧的搜索区域。因为单目标跟踪具有连续运动约束，所以当前帧的搜索区域一般以上一帧目标所在的位置为中心进行搜索。具体而言，SiamFC 的孪生网络结构由两个完全一致的全卷积网络 φ 组成，φ 负责特征提取。其网络参数优化过程就是训练过程。随后，SiamFC 对两个分支输出的特征提取结果进行滤波操作，并最终生成一张概率分布图。图中概率最大的位置即当前帧目标的位置。

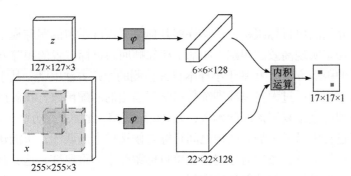

图 5.9 用于目标跟踪的孪生网络框架[41]

SiamFC 开创了基于孪生网络架构的端到端的目标跟踪框架，并在相关数据集上取得优于传统方法的得分，体现出深度学习技术在目标跟踪领域的优势。

(2) 区域推荐孪生网络(Siamese region proposal network，SiamRPN)

SiamRPN 通过引入检测模块实现对目标矩形框的精确回归。针对 SiamFC 无法适应目标长宽比变化的问题，文献[42]于 2018 年提出 SiamRPN。SiamRPN 引入物体检测的思路，认为对目标边界框的精确回归是高精度跟踪的关键，并将跟踪问题抽象成单样本检测问题，即设计一个算法，使其通过第一帧的信息来初始化的一个局部检测器。SiamRPN 首先利用与 SiamFC 相似的孪生网络结构，通过一个全卷积网络提取高层特征，并利用目标特征完成检测器的初始化，实现对跟踪目标的适应。随后，SiamRPN 借鉴 Faster R-CNN 算法的 RPN 结构，通过分类分支和回归分支实现对目标位置更精确地预测和矩形框的高精度拟合。

(3) 干扰物识别区域推荐孪生网络(distractor-aware Siamese proposal network，DaSiamRPN)

DaSiamRPN 针对样本不均衡，提出训练样本扩充策略。文献[43]针对现有工作存在的问题进行分析，提出 DaSiamRPN 模型。该文献认为，已有的孪生网络模型在训练阶段存在样本不均衡问题，即大部分样本都是没有语义的背景(背景不是非目标的物体，而那些既不属于目标也不属于干扰物的没有语义的图像块，例如大片白色)，导致网络学到的仅仅是将背景与前景区分的能力。此外，现有孪生网络模型判别性不足，缺乏模板的更新过程(在热图中很多非目标的物体也可获得较高得分，甚至当图像中没有目标时依然会有高分存在)。最后，当跟踪时长较长时，现有的孪生网络不能很好适应目标被完全遮挡、目标移出画面等挑战。针对上述问题，DaSiamRPN 分别从扩充训练数据、提出干扰物识别模型得到高质量响应分数、针对长时跟踪进行模型优化三个方面进行优化。

此外，针对 SiamFC 的平移不变性，模型层数较少的问题，文献[44]提出的SiamRPN++模型将深层网络引入孪生网络框架中，实现对目标矩形框更精确的回归。

除以上介绍的单目标跟踪方法，许多其他基于深度学习的跟踪模型也借鉴了孪生网络结构来实现高效的跟踪，如基于相邻帧回归目标位置的跟踪方法[45]、基于特征调制的跟踪方法[46]和基于小样本目标检测的跟踪方法[47]等。基于孪生网络的跟踪方法本质是通过大量离线训练数据学习通用的匹配函数，在测试过程中无需重新训练即可直接复用该匹配函数，实现高效跟踪。此类跟踪方法的缺点在于，它们在训练过程中只考虑静态图像之间目标与候选样本的匹配，未能建模跟踪过程的强时序依赖关系。考虑时序建模在单目标跟踪中的重要性，这类基于孪生网络的跟踪方法仍有较大的性能优化空间。

3. 单目标跟踪任务拓展

(1) 与目标分割结合，利用掩模实现精确跟踪

与单目标跟踪任务类似，视频目标分割任务同样用来构建不同视频帧之间目标对象的关联，但该任务的输入输出均为目标的精细化分割掩模。图 5.10 首先对VOT 和视频目标分割进行对比，可以看出前者的输入输出较为简洁(坐标轴对齐的矩形框)，后者的则较为精确(目标掩模)。视频目标分割旨在对目标进行像素级跟踪估计，有助于实现跟踪过程中的背景去除和前景对象提取，广泛应用于视频编辑领域。然而，单纯追求像素级跟踪精度会导致计算资源被过度消耗，难以实现实时跟踪。

为实现实时的视频目标分割，文献[48]在 SiamRPN 结构的基础上添加掩模预测分支，并提出目标检测和目标分割的一体化框架孪生掩模网络(记为SiamMask)。与目标跟踪任务类似，该框架通过矩形框标定的方式对目标对象进行初始化标注，并在后续帧同时输出目标的分割结果和跟踪结果，实现实时目标分

割。此外，与生成坐标轴对齐的矩形框的目标跟踪方法不同，SiamMask借助目标掩模生成旋转矩形框，实现利用最小外接矩形对目标跟踪结果进行精确描述。通过简单的多任务学习方法，SiamMask可以成功缩小VOT和视频目标分割之间的表示差距，通过利用统一的网络框架同时执行这两个任务，为目标跟踪和其他视觉任务的结合提供一种高效可行的研究方案。

(a) 初始化　　　　　　　　　　　(b) 目标状态估计

图5.10　VOT、视频目标分割、VOT与分割一体化框架下的视频目标
跟踪输入输出结果对比展示[1]

(2) 拓展任务定义，从短时跟踪向长时跟踪发展

单目标跟踪任务定义为仅提供运动物体初始位置，在一段视频序列中持续定位该物体。2018年之前，单目标跟踪数据集主要以小规模、短时为主，单段视频时长为10~30s，目标一直出现在画面中。换言之，单目标跟踪任务最初可以被认定为短时跟踪，并且目标遵循严格的运动连续性假设。

随着大规模单目标追踪(large scale single object tracking, LaSOT)数据集[49]的发布，单目标跟踪任务设定从短时跟踪向长时跟踪拓展。具体而言，长时跟踪允许目标出现短暂消失(被完全遮挡或者移出画面)，但是目标会在片刻后再次在消失的位置出现(障碍物移开或者重新进入画面)。长时跟踪对单目标跟踪的任务定义进行拓展(取消目标必须始终出现在画面中的设定)，使更多符合新设定的视频可以被采集，因此长时跟踪数据集的时长更长(通常为1~6min)且规模更大(百万级)。长时跟踪需要解决的一个关键问题是，如何在一段时间的物体消失或跟踪失败后，重新找回跟踪目标。

前述的单目标跟踪方法主要以短时跟踪为主。为提升搜索效率，已有的方法通常假设运动物体在位置和尺度变化上具有很强的连续性，只在一个很小的区域搜索运动目标，并对候选样本的位置、尺度和宽高比变化进行加权惩罚，以限制搜索区间。然而，更接近真实场景的长时跟踪包含丰富的挑战因素，并打破这类平滑性假设。因为遮挡、快速移动、运动模糊等干扰因素的影响，跟踪方法可能会短暂丢失目标(即目标移出画面、被完全遮挡或与跟踪结果的重叠率为 0)。然而，当干扰消失，目标重新变得容易辨认时，这些方法却无法从跟丢状态恢复并再次找回目标(即跟踪结果与目标重叠率大于某个阈值，如 0.5)。其中一个关键原因在于，表观或运动上的连续性假设会使跟踪方法的误差在跟踪过程中持续累积，无法在跟丢后重新找回运动目标。

针对短时跟踪算法在长时跟踪任务中出现的累计误差问题，文献[46]于 2019 年提出一种基于全局搜索的单目标跟踪方法(Globaltrack)来解决以上问题。该方法的关键思想是，通过消除位置和尺度局部性假设来避免误差在跟踪过程中持续累计，从而解决复杂干扰下的长时单目标跟踪问题。考虑现有单目标跟踪方法通常只能在局部位置和尺度上搜索，而目标检测模型却具有全图多尺度物体搜索的能力，Globaltrack 通过借鉴目标检测模型构建基于全局实例搜索的跟踪模型。

5.3　单摄像机多目标跟踪

本节对单摄像机 MOT 进行介绍。单摄像机 MOT，顾名思义就是对一段视频中多个目标的轨迹同时进行跟踪。多个目标的类别可以相同也可以不同，一般应用在安防监控和智能驾驶等领域。相比单目标跟踪任务，MOT 在此基础上还有额外的问题需要解决，包括确定实时变化的目标数量、维持各目标的身份、目标之间的频繁遮挡、多目标之间的相互影响等。

通常情况下，MOT 可以看作一个多变量估计问题。给定一段图像序列，令 s_t^i 表示第 i 个目标在第 t 帧的状态信息，$S_t = (s_t^1, s_t^2, \cdots, s_t^{M_t})$ 表示第 t 帧的所有目标，$s_{i_s:i_e}^i = \{s_{i_s}^i, \cdots, s_{i_e}^i\}$ 表示目标 i 的序列状态，其中 i_s 和 i_e 表示目标存在的第一帧和最后一帧，$S_{1:t} = \{S_1, S_2, \cdots, S_t\}$ 表示所有目标从第 1 帧到第 t 帧的所有序列状态。同时，使用 o_t^i 表示第 i 个目标在第 t 帧的观测信息，$O_t = (o_t^1, o_t^2, \cdots, o_t^{M_t})$ 表示所有目标在第 t 帧的观测信息，$O_{1:t} = \{O_1, O_2, \cdots, O_t\}$ 表示所有目标从第 1 帧到第 t 帧的所有序列观测信息，MOT 问题就是求解最优的所有目标的状态序列，这可以建模为一个求解最大后验估计(maximal a posteriori，MAP)的问题，即给定所有目标的观测信息，求解所有目标的状态序列，使其满足在给定所有目标观测信息条件下，该状态序列的条件分布最大，即

$$\widehat{S_{1:t}} = \arg\max_{S_{1:t}} P(S_{1:t} \mid O_{1:t}) \tag{5.9}$$

其中，$O_{1:t}$ 表示观测信息；$S_{1:t}$ 表示序列状态。

在 MOT 领域，有许多种相对常见的分类方式。例如，从目标初始化方式的角度来讲，MOT 可以分为基于检测的跟踪(detection-based tracking，DBT)和无需检测的跟踪(detection-free tracking，DFT)。在 DBT 方法，首先在每帧进行特定类型的目标检测或运动检测，得到目标假设，然后进行顺序或批量跟踪，将检测假设连接到轨迹中。这类方法需要提前训练目标检测器，因此通常关注特定的目标类型，如人、车等。需要注意的是，这类方法通常非常依赖采用的目标检测器的性能。DFT 方法需要在第一帧手动初始化一定数量的目标，然后在后续帧定位这些物体，不关注可能会突然出现的其他目标。相对来说，DBT 方法更受关注，因为它可以自动发现新目标、自动终止消失的目标，当然 DFT 虽然不能处理新目标出现的情况，但是它同样也有优势，例如不需要提前训练目标检测器。

从处理方式来讲，MOT 算法可以分为在线跟踪(online tracking)和离线跟踪(offline tracking)。这两者的区别主要在于处理当前帧时，后几帧的观测目标是否被利用。在线模型只依靠截至当前帧之前的信息，离线模型则可以使用未来帧的信息。

由于研究本身的复杂性和应用的广泛性，MOT 始终受到学术界的关注，而近些年深度学习的高速发展同样给 MOT 领域带来新的突破。下面对近些年单摄像机 MOT 的一些算法进行简单介绍。感兴趣的读者可以参考文献[50]深入地学习。

5.3.1 离线跟踪方法

下面对单摄像机 MOT 的一些经典离线跟踪算法进行介绍。

早期的方法主要为离线跟踪的方法。这类方法需要采集到所有帧的样本，对所有目标的轨迹进行统一关联。该方法的优点在于可以建立长的完整轨迹，缺点是计算量大、难以实时、外观模型难以更新等。文献[51]提出通过连续能量函数最小化的方式解决 MOT 问题。这里的能量函数由 5 部分组成，涉及外观模型、运动模型和正则项。能量函数可以表示为

$$E = E_{obs} + \alpha E_{dyn} + \beta E_{exc} + \lambda E_{per} + \delta E_{reg} \tag{5.10}$$

其中，E_{obs} 表示外观模型；E_{dyn} 表示运动模型；E_{exc} 表示互斥约束；E_{per} 表示持久性约束；E_{reg} 表示正则化约束；α、β、λ、δ 为超参数。

在外观模型上，首先跟踪遵循经典的 tracking-by-detection 的方法，即每个位置的目标存在的概率由目标检测器确定，其次使用滑动窗口法检测行人，并使用 HOG 和光流方向直方图(histogram of oriented optical flow，HOF)作为特征。假定在单帧中，如果轨迹通过行人的高似然区域，能量 E_{obs} 会很小，即

$$E_{\text{obs}}(X) = \sum_{t=1}^{F} \sum_{i=1}^{N} \left(\lambda + \sum_{g=1}^{D(t)} \frac{-c}{\left\| x_i^t - d_g^t \right\|^2 + c} \right) \qquad (5.11)$$

其中，F 和 N 分别为视频的帧数和目标的个数；x_i^t 为 t 时刻第 i 个目标的位置；d_g^t 为 t 时刻第 g 个检测到的目标；$D(t)$ 为 t 时刻检测到的目标峰值个数；λ 和 c 为超参数。

式(5.11)将检测器的输出近似为类柯西势函数，可以计算 E_{obs} 的解析导数，从而大大加速最小化过程。

运动模型包括常速约束、互斥约束和持久性约束。常速约束项可以写为

$$E_{\text{dyn}}(X) = \sum_{t=1}^{F-2} \sum_{i=1}^{N} \left\| v_i^t - v_i^{t+1} \right\|^2 \qquad (5.12)$$

其中，$v_i^t = x_i^{t+1} - x_i^t$ 为目标 i 的速度向量，该项使动力学模型偏向于直路径，可以看成一种智能平滑，有助于防止交叉目标的身份转换。

互斥约束的假设是两个物体不能同时占据同一个空间，因此需要定义一个连续的排斥项把这一约束包括进能量函数，即

$$E_{\text{exc}}(X) = \sum_{t=1}^{F} \sum_{i \neq j} \frac{s_g^2}{\left\| x_i^t - x_j^t \right\|^2} \qquad (5.13)$$

其中，s_g 为尺度调节因子，当两个目标靠得太近时，该约束项会施加相应的惩罚，当共享同一位置时，惩罚会变得无限大。

第三个假设是目标不会无故出现或消失在跟踪区域中，但却可以进入或离开这个区域，即持久性约束。为了避免为出入口和长时间遮挡建模，该方法采取软约束的方式，即

$$E_{\text{per}}(X) = \sum_{i=1}^{N} \sum_{t=\{1,F\}} \frac{1}{1 + \exp(1 - q \cdot b(x_i^t))} \qquad (5.14)$$

其中，q 为超参数；$b(x_i^t)$ 为当前目标到跟踪边界的距离，强制各在线轨迹在遮挡处进行融合。

正则化约束驱使问题简单化，也就是一个场景中应有更少的目标和更长的轨迹，即

$$E_{\text{reg}}(X) = N + \sum_{i=1}^{N} \frac{1}{F(i)} \qquad (5.15)$$

其中，$F(i)$ 为轨迹 i 的时间长度。

正则化约束用来平衡模型的复杂性和拟合误差，能阻止过度拟合、轨迹割裂

和假的身份改变。

　　为了使能量函数跳出局部极小值而持续降低,该方法引入一系列的跳跃运动。跳跃移动优化方法示意图如图 5.11 所示。通过跳跃转向搜索空间的不同区域,使能量函数依然降低, 在优化过程中, 使用标准共轭梯度法局部最小化能量函数。

开始　　　移除　　　添加　　　分割　　　合并　　　缩小　　　放大

图 5.11　跳跃移动优化方法示意图[51]

　　文献[52]将 MOT 问题分解为两个紧密耦合的问题,即数据关联问题和轨迹估计问题。基于此, MOT 任务被建模为一个离散-连续的优化问题,将数据关联通过离散优化标签损失的方式来接近最优解,轨迹估计则被看成一个简单的具有封闭解的连续拟合问题,两者优化交替进行,进而实现更优的 MOT 解决方案。

　　以上介绍的主要是使用非深度学习的方法进行多目标离线跟踪的工作,而随着深度学习的发展,不断地有研究者开始在 MOT 中引入深度学习进一步实现算法性能的提升。例如,文献[53]指出, 基于数据关联的 MOT 算法,检测器的性能和外观模型的建立对于算法最终的表现十分重要,引入深度学习到检测器和可学习的外观模型可以大幅提升 MOT 算法的性能。

5.3.2　在线跟踪方法

　　除了在部分模块中引入深度学习提升模块的性能,进而提升算法整体性能的思路,还有一些研究工作尝试实现基于深度学习的端到端的 MOT 算法。例如,文献[54]指出,现有的 MOT 的算法往往由两个阶段构成,首先根据不同帧提取的目标信息计算不同目标的相似性,其次根据目标间的相似性计算数据间的关联。现有的方法主要是应用深度学习解决第一个阶段目标信息的提取和相似性计算的内容,但是关于第二个阶段,如何使用学习的方法基于监督数据自适应地学习到数据关联还没有一个统一的共识,因此整个算法也无法实现完全的端到端学习。对此,文献[54]提出一个统一的框架进行数据信息的提取和数据的关联。具体地,将 MOT 的问题建模成一个图网络的优化问题,用节点代表所有帧的所有目标,节点内存储目标对应的各种特征信息,节点之间的边表示目标之间的相似度信息,不同帧目标对应的节点之间有边相连,而同一帧内的目标对应的节点没有边的连接,利用消息传递网络经过几次迭代,图中的节点和边就会逐渐聚合其他节点和边的信息。最后，边上的信息将被用来判断这条边是否被激活，即边对应的两个节点是否为同一目标，进而预测输出和真实数据。通过交叉熵损失函数训练整个网络，从而实现 MOT 算法完成端到端的训练。

考虑离线跟踪方法的局限性，有研究者通过在线的方式实现 MOT。与离线跟踪方法不同，在线方法逐帧进行数据关联。它最大的优点在于可以实现实时跟踪。相比离线跟踪方法，它的缺点在于轨迹碎片化比较严重、容易出现轨迹漂移的现象。文献[40]提出用于评估轨迹片段可靠性的轨迹片段置信度，并提出使用轨迹片段置信度来建立轨迹关联。此外，还提出一种用于区分不同对象外观的在线学习方法(incremental linear discriminant analysis，ILDA)，并通过持续的跟踪结果更新外观模型，进行更可靠的数据关联。文献[55]在此基础上对模型进行改进，使用深度学习的方法区分不同的物体并适应学习目标的外观。

上述 MOT 算法通常使用目标检测算法预先给出场景中的物体检测框。受检测器、数据库等因素的影响，上述方法通常只能实现对同一类别(如行人)的多个物体的跟踪，而没有实现对多类物体的同时跟踪。文献[56]提出一种新颖的多类 MOT 框架，通过组合检测响应和变点检测算法进行无限类别的 MOT。该方法依赖目标检测器的性能，使用 Faster R-CNN 物体检测器和基于光流[57]的运动检测器(Kanade Lucas Tomasi，KLT)计算前景区域的似然概率，并以此作为不同类别目标的检测响应。

除了对 MOT 中目标的类别进行拓展，也有 MOT 长时信息整合上的研究。在文献[58]中，作者指出现有的跟踪方法往往无法以连贯的方式融合长时间范围内的线索，因此提出一种对长时间范围内多线索关系进行编码的在线 MOT 方法。具体地，为了解决跟踪中不能很好地对发生遮挡或具有相似外观环绕的目标进行区分的问题，文献[58]提出使用递归卷积网络 RNN 架构，结合一定时间窗内的多线索，完成协同的推理过程。该方法使用深度神经网络学习构建外观模型。外观模型的输入为目标 i 从 1 到 t 时刻的检测框，通过 CNN 和 LSTM 的编码，将目标 i 的特征与 $t+1$ 时刻的检测结果 j 进行比较。最终，该网络的输出为一个特征向量，即编码从 1 到 t 时刻的目标 i 与 $t+1$ 时刻的检测结果 j 的关系信息。该方法的运动模型同样用到了 RNN 网络。对于运动模型，编码过程的输入是从 1 到 t 时刻目标的二维速度特征，编码后的特征与 $t+1$ 的速度特征进行匹配，计算两者是否属于同一个轨迹。交互模型的建模方式与运动模型类似。其输入是图像的占据栅格地图，输出结果衡量 $t+1$ 时刻占据栅格地图是否与从 1 到 t 时刻的真实占据栅格地图匹配。最终，这三种模型(外观模型、运动模型、交互模型)以组合的方式共同预测目标 t_i 和检测结果 d_j 的相似度。相似度分数用于构建匹配物体与检测结果的二分图。

尽管文献[58]使用了递归神经网络，但是仍然无法实现端到端的 MOT。文献[59]实现了一种基于深度学习的端到端的 MOT 系统。在状态的预测与更新模块中，使用 RNN 模型来学习目标的时序动态模型，并依此来决定目标的出现和消失。其中，预测模块学习是一个复杂的动态模型，用于在没有测量的情况下预测目标运动；更新模块是在给定目标测量状态的基础上，纠正目标状态分布；开始/终结模块是在给定目标状态、测量值、数据关联的基础上，学习识别跟踪的启动和终止。此外，采用基于 LSTM 的学习模块来解决 MOT 具有挑战性的数据关联问题，并在有监督信息的情况下，直接通过数据实现对应的参数学习。

5.4　多摄像机目标跟踪

如果不同的目标在场景中是独立可区分的，那么单摄像机跟踪往往足够解决问题。然而，现实场景中经常出现目标遮挡、目标从视野中缺失、大量目标拥挤或重叠的情况。单摄像机跟踪因为无法应对完全遮挡、长时间的遮挡和追踪大范围内的轨迹，具有很强的局限性，所以针对真实应用场景下的挑战因素，通过多摄像机组成监控网络、利用跨视角的信息来辅助跟踪是一种重要的技术手段。从应用的角度来讲，传统的监控平台通常是各个摄像头独立进行目标检测和目标跟踪，因此监控的范围很有限。如果可以将多个摄像机进行协作并构成一个多摄像机网络，就可以增大监控范围、提高资源的利用率。在上述技术方案中，跨摄像机的目标跟踪是实现多摄像机协作的关键。

与单摄像机 MOT 不同，多摄像机目标跟踪是在多摄像机监控网络下为每个运动目标建立唯一的身份标识，从而保证对目标进行全局的持续跟踪。一个多摄像机跟踪系统至少包含两路摄像机。每路摄像机都运行一个单场景跟踪算法。各路单场景跟踪算法既相互独立又相互依赖。其中，独立性体现在每路摄像机要分别检测、跟踪目标，直至目标离开其视域。依赖性体现在当某路摄像机检测到一个新目标时，需要与其他各路摄像机交换信息，以确定该目标的身份(是新进入系统的新目标，还是已经在其他场景下出现过的旧目标)。如果目标第一次出现在场景中，则分配给该目标一个新的身份标识；如果属于后者，则继续沿用其原来的标号，确保同一目标在所有场景中具有相同且唯一的身份标识。多摄像机目标跟踪根据各摄像机视野是否重叠又可以进一步分为重叠场景多摄像机目标跟踪和非重叠场景多摄像机目标跟踪。重叠场景摄像机网络一般在特定场景(如篮球场、走廊等)安放多个镜头，通过从多个视角对同一目标进行拍摄，并将不同视角的数据同时传入模型，从而消除单一视角下的视觉盲区。该任务需要对不同摄像机同时出现的目标之间建立对应关系，包括确定两个视野重叠区域的位置和将两个视野的本地坐标融合为统一的世界坐标。非重叠场景摄像机网络需要对不同摄像机间隔一段时间出现过的目标建立对应关系。其核心难点包括拓扑估计、光照处理、跨摄像机目标匹配和跨摄像机数据关联等。

　　本节对重叠场景多摄像机目标跟踪和非重叠场景多摄像机目标跟踪进行介绍，旨在通过对不同任务的应用场景介绍、技术难点剖析及技术路线阐述，帮助读者进一步了解多摄像机目标跟踪任务。

5.4.1　重叠场景多摄像机目标跟踪

　　重叠场景摄像机网络采用多个摄像机从不同的视角对同一观测区域进行拍摄，可以有效解决遮挡问题，为进一步研究跨场景目标跟踪提供基础。

　　以文献[60]为代表的研究方法通常基于透视变换，并假设不同的视角共享同一个地平面，从而确保透视变换的有效性。不同于传统多视角跟踪方法需要对摄像机的位置进行标定，文献[60]提出的方法仅依靠图像进行二维重建，通过一种平面透视变换将来自多视角的前景似然概率信息进行融合，以解决遮挡和行人的定位问题。该方法首先对背景用高斯混合模型进行建模，并对图像做背景擦除获得前景的似然信息；通过 SIFT 特征和随机抽样一致(random sample consensus, RANSAC)匹配的方法获得由视角间参考平面诱导的透视变换，将这一过程扩展到平行于参考平面的多个平面中，提升算法的鲁棒性。尽管该方法对重叠摄像机网络下的目标跟踪有重要的意义，但是仍然面临若干问题。首先，由于采用高斯混合模型对背景信息进行建模，该方法无法有效识别与背景相似的行人外观。此外，该方法无法有效应对物体被背景遮挡的情况，也无法适应一部分场景在所有的视角下都被前景遮挡的情况。多视角信息映射融合如图 5.12 所示。

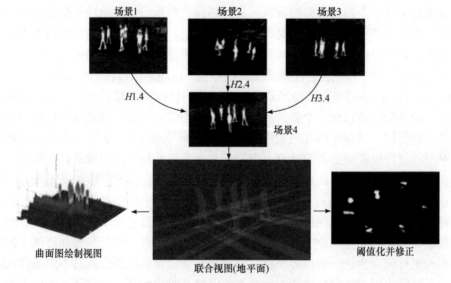

图 5.12　多视角信息映射融合[60]

　　文献[61]同样使用背景建模的方法实现前景提取，使用人的主轴匹配不同摄像机下的行人。根据在每个摄像机视图中检测到的人的"地面点"与不同摄像机视图中检测到的人的主轴交点之间的关系，构造反映人的主轴对相似性的对应似然度，并转化为同一视角。如图 5.13 所示，该方法根据全局形状约束确定行人的主轴，令 $D(X_i,l)$ 为第 i 个前景像素与轴 l 的垂直距离，主轴 L 可以通过下式计算，即

$$L = \arg\min_l \mathrm{median}_i \{D(X_i,l)\} \tag{5.16}$$

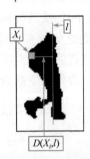

图 5.13　个体的主轴示意图[61]

　　文献[62]将单摄像机目标跟踪的网络流方法推广到多摄像机跟踪中，并通过一种组合式的 MAP 实现多摄像机重建，以及全局时间数据关联。该方法通过构造一个流图，实现在三维世界空间中的目标跟踪；通过附加约束的形式，多摄像机重建可以有效地融入流图中，并利用二元线性规划方法有效地求解。

　　文献[63]提出利用多个摄像机的图像共同解决数据关联问题。其中时空数据关联问题被定义为多维指派问题(multidimensional assignment problem，MDA)。文献[63]使用随机分裂和合并操作来解决一系列二分图匹配问题，实现对问题的高效求解。该方法将表示人的运动的三维轨迹重建为三维圆柱体，并在考虑所有相邻帧的情况下估计其位置。具体而言，从第 1 到 T 帧，第 1 到 K 个摄像机下的观测可以建立一个 KT 分图，可以表示为

$$G = (V,E) = (I_{11} \cup \cdots \cup I_{KT}, E) \tag{5.17}$$

　　因此，跟踪问题被转化为最小流求解问题，可以表示为

$$\min \sum_{T_n \in T} c(T_n) x_{T_n}$$

$$\mathrm{s.t.} \quad \sum_{T_n \in T_{[kt],i}} x_{T_n} = 1$$

$$T_{[kt],i} = \{T_n \in T \mid [T_n]_{k,t} = i\}$$

$$k = 1,2,\cdots,K$$

$$t = 1,2,\cdots,T \tag{5.18}$$

$$i = 1,2,\cdots,m_{kt}$$

其中，k 为摄像机的索引；t 为是时间的索引；i 为检测到的样本；$x_{T_n} \in \{0,1\}$ 表明一个观测样本只能存在于一个轨迹之中；损失函数 $c(T_n)$ 包括五个独立项，分别是 3D 重建损失、运动平滑损失、摄像机视角可见损失、轨迹起点\终点损失、假阳性轨迹损失，可以具体表示为

$$c(T_n) = c_{T_n} = c_{\text{rec}} + c_{\text{mot}} + c_{\text{vis}} + c_{\text{tse}} + c_{\text{fpt}} \tag{5.19}$$

此外，以文献[64]为代表的部分方法通过学习视野的边界线(field of view, FoV)实现重叠摄像机的跟踪问题。FoV 及其投影如图 5.14 所示。该方法首先通过使用 Hough 变换确定各摄像机视野之间的视域分界线，即确定两个场景之间重叠区域的位置，出现在视域分界线位置的目标对应另一个场景刚进入视野的目标，并确定新进入目标的身份，实现重叠场景下高效鲁棒的 MOT。

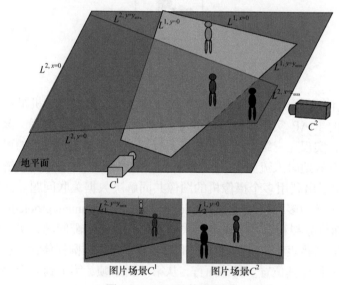

图 5.14　FoV 及其投影[64]

综上所述，通过有效利用多摄像机的重叠视野，可以实现遮挡场景下的 MOT。此外，重叠视野多摄像机目标跟踪并不依赖行人的外观信息，可以对相似外观的行人进行有效分类，具有重要的实际应用价值。受成本的制约，重叠视野多摄像机网络应用较少，仅在足球、篮球等比赛的运动分析中应用较多，更常见的是非重叠场景的摄像机网络。

5.4.2　非重叠场景多摄像机目标跟踪

1. 研究内容

不同于重叠场景下的目标跟踪，非重叠场景下各个场景之间存在监控盲区，

导致不同摄像机观测到的同一目标轨迹在时间和空间均不连续，造成目标在监控系统中存在严重的时空信息缺失。非重叠视野多摄像机目标跟踪的研究内容主要包括多摄像机网络拓扑结构的估计、多摄像机之间光照变化的处理、跨摄像机目标匹配与识别、跨摄像机数据关联。

多摄像机网络拓扑结构的估计旨在学习摄像机之间的时间空间关系，包括摄像机节点、连通性、平均转移时间和转移时间概率分布等。如图 5.15 所示，非重叠场景下的多摄像机网络拓扑结构通常包含三个要素。第一个要素为拓扑结点，表示①～⑧所示的各摄像机视野内进出口区域。第二个要素为结点之间的连接关系，表示实际环境中两个进出口区域之间是否存在一条直接连通的物理路径。实线段表示可见的直接连通的物理路径，虚线段表示不可见的直接连通的物理路径。第三个要素对应每个连接的转移时间概率分布，表示运动目标在对应的两个进出口区域之间转移所耗时间的概率分布，如虚线段上的概率分布图。

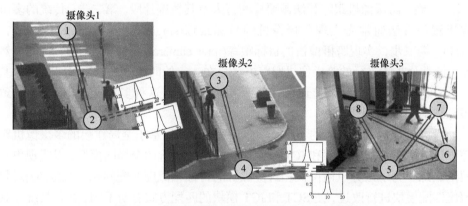

图 5.15 非重叠场景多摄像机网络的拓扑结构[2]

多摄像机之间光照变化的处理旨在消除不同摄像机在不同光照条件下给目标表观造成的差异，用到的方法包括颜色恒常性方法、颜色转移函数法、颜色属性转移方法等[65]。

跨摄像机目标匹配与识别旨在对不同时刻出现在不同摄像机下的目标进行匹配。这一研究也衍生出行人重识别任务。跨摄像机目标再识别方法按照表观建模方式和匹配策略的不同可以分为基于鲁棒特征的方法、基于机器学习的方法、基于转移模型的方法，以及基于深度学习的方法。基于鲁棒特征的方法对运动目标建模时，根据相似度度量方法匹配不同摄像机下观测的目标表观。基于机器学习的方法在使用一种或多种简单特征对运动目标表观建模之后，利用机器学习的方法学习两个观测目标表观模型之间的相似度或距离。基于转移模型的方法通过建立特征的转移模型来模拟目标表观随摄像机的变化。基于深度学习的方法是用深度学习方法端到端地度量目标表观之间的相似度，判断是否为同一个目标。

跨摄像机数据关联旨在建立跨摄像机目标之间的对应关系，并确定每个目标的身份，代表性的方法包括基于贝叶斯理论的方法、基于状态估计模型的方法、基于最优化的方法等。

值得注意的是，行人重识别任务不同于跨摄像机的目标跟踪，后者是开放环境下行人身份的识别，即首次进入整个摄像机网络的新目标需要设定新的身份，而对于曾经在摄像机网络下出现过，又再次进入某摄像机视野的目标需要识别其原有的身份，沿用之前的身份标识。因此，要解决实际应用中跨摄像机的目标跟踪问题，还需要了解摄像机的拓扑结构和关联数据等。

2. 研究方法

传统的跨摄像机跟踪方法通常可以分为三个部分。第一步，与单一场景下的MOT一致，跨摄像机跟踪算法需要检测行人及其轨迹片段。第二步，传统的多摄像机跟踪方法通常先实现单摄像机的目标跟踪(single camera object tracking，SCT)。第三步，实现跨摄像机的目标跟踪(inter camera object tracking，ICT)。然而，此类分步骤进行的跨摄像机跟踪方法存在一定的问题。ICT 以 SCT 结果为基础，这会导致 ICT 的结果受到 SCT 结果的干扰，并且这种多阶段的策略也会导致跟踪结果较为琐碎[66]。

考虑传统多阶段方法的不足，文献[67]提出一种基于全局建模的多摄像机跟踪方法，通过将 SCT 步骤和 ICT 步骤整合成一个等价的全局图模型，以实现更有效的跟踪。为了区分单摄像机和跨摄像机的目标相似度匹配问题，文献[67]对相似度匹配模块进行改进，使 SCT 和 ICT 模块的匹配方式有所不同，并将其统一到全局图的推理之中。跨摄像机跟踪中常见的三种方式如图 5.16 所示。

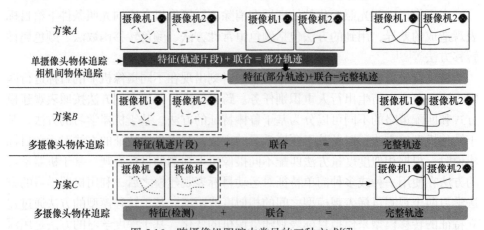

图 5.16　跨摄像机跟踪中常见的三种方式[67]

文献[68]提出一种自适应加权的三元损失函数和困难身份挖掘的方法实现特征表达，同时解决多摄像机跟踪和行人重识别的问题。如图 5.17 所示，对于给定的视频流，首先用行人检测器对视频进行处理，从中提取行人的边界框。为了实现轨迹推理，特征提取器首先从观测中提取运动特征和外观特征，随后将其转换成相关性，并用相关聚类优化的方式打上标签，最后对缺失的值进行插值处理，除去置信度较低的轨迹，实现轨迹匹配。

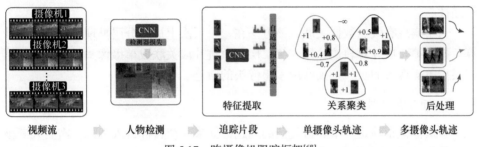

视频流　　　　　人物检测　　　　追踪片段　　　单摄像头轨迹　　多摄像头轨迹

图 5.17　跨摄像机跟踪框架[68]

在行人检测中，该方法使用开放姿态数据库(OpenPose)[69]训练行人检测器，并采用在行人重识别中效果良好的残差网络作为特征提取模块。当得到给定标签的行人合集后，使用自适应加权三元组函数学习不同行人之间的特征，即

$$L = \left(m + \sum_{x_p \in P(a)} w_p d(x_a, x_p) - \sum_{x_n \in N(a)} w_n d(x_a, x_n) \right) \tag{5.20}$$

其中

$$w_p = \frac{\mathrm{e}^{d(x_a, x_p)}}{\sum\limits_{x \in P(a)} \mathrm{e}^{d(x_a, x)}}, \quad w_n = \frac{\mathrm{e}^{-d(x_a, x_n)}}{\sum\limits_{x \in N(a)} \mathrm{e}^{-d(x_a, x)}} \tag{5.21}$$

其中，m 为行人间的区分裕度；$P(a)$ 和 $N(a)$ 为与锚点样本 x_a 相关的正样本和负样本集合；$d()$ 用来测量不同样本外观上的距离。

这一损失函数通过使用所有的样本，可以避免三元组产生的复杂组合过程，同时给难区分的正负样本施加更大的权重，从而有效解决正负样本之间分布不均衡的问题。

对于训练过程中的批构建，该方法采用 PK 批的思想。每一个批中有 P 个身份实例，每一个实例包括 K 张样本图片。在一个训练批次中，每个实例在相应的批中被轮流选择，剩余 $P-1$ 个实例被随机采样。对于每个实例而言，K 个样本也被随机选择。这个方法在基于相似度的排序上展示了非常好的性能，可以避免产生大量组合的三元组。

在数据关联中，通过采用关联聚类的方法判断目标是否属于同一身份。给定

一个带权重的图，如果任意两个节点的边满足特定的条件，那么两个节点可以判定为同一个目标。关联聚类的公式可以写为

$$X^* = \underset{\{x_{ij}\}}{\arg\max} \sum_{(i,j)\in E} w_{ij} x_{ij}$$

$$\text{s.t.} \quad x_{ij} + x_{jk} \leqslant 1 + x_{ik}, \quad i,j,k \in V \tag{5.22}$$

其中，w_{ij} 为权重第一项最大化聚类之间的正相关性和负相关性；约束确保解具有传递性。

为了实现有效的数据关联，该方法在三个层次上进行分层推理，可以降低计算负担。第一层计算轨迹片段，第二层把轨迹片段关联成单摄像头的长轨迹，第三层把单摄像头的长轨迹关联成多摄像头的轨迹。

3. 行人重识别问题

多摄像机跟踪是一个非常复杂的问题，如果一个目标进入视野，需要判断该目标是否已经在别的场景出现过。然而，由于长时间的遮挡、视角的明显变化、光照变化和出入场景人数的不确定性等因素，跨摄像机的目标匹配与识别会变得十分困难。为了解决跨摄像机的目标匹配与识别，有研究者开始关注跨摄像机的行人重识别问题。行人重识别任务示意图如图 5.18 所示。

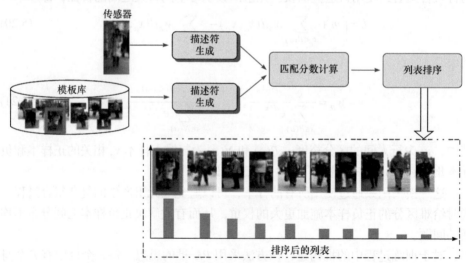

图 5.18　行人重识别任务示意图

早期的行人重识别是和多摄像机跟踪紧密地结合在一起。在多摄像机跟踪中，行人的表观模型通常被辅助用于不相连摄像机的几何关系标定任务。Huang 等[70]提出当给定一个摄像机的观察数据时，可以利用贝叶斯准则估计另一个视角下物体外观预测的后验概率。Zajdel 等[71]在多摄像机跟踪中首次提到行人重识别的概

念。Gheissari 等[72]正式对行人重识别进行定义，标志着行人重识别任务与多摄像机跟踪分开，成为一项独立的计算机视觉任务。此后，以 Zheng 等[73]为代表的一系列后续工作对其展开研究，并取得重要的进展。

行人重识别任务与多摄像机跟踪有明显的区别。多摄像机跟踪是建立跨摄像机目标之间的对应关系，确定每个目标在所有时刻的位置。行人重识别任务则定义为给出一张行人的查询图像时，在一系列视角不同、时间不同、位置不同情况下拍摄的待选图像中与查询图像身份一致的图像，并按照其相似度进行排序。

从任务的定义来看，行人重识别比跨摄像机目标跟踪更为具体，可以看成多摄像机跟踪中跨摄像机目标匹配与识别的一个具体子问题。从现实的应用来看，监控摄像头广泛普及，公共场景中出现的行人越来越多，导致通过跨摄像机跟踪的方法对感兴趣的人进行定位需要巨大的计算资源和代价。通过行人重识别的方法，可以快速找出感兴趣的人出现的时间和位置。因此，行人重识别在行人检索、犯罪分子搜查等现实生活中往往能发挥重要的作用。

5.5　小　　结

本章对视频目标跟踪的任务分类、发展脉络，以及代表性方法进行介绍。按照跟踪目标数量和摄像机数量划分的不同，VOT 任务可以进一步分为单摄像机目标跟踪和多摄像机目标跟踪。根据摄像机之间是否有重叠，可以将多摄像机目标跟踪进一步细分为重叠场景多摄像机跟踪和非重叠场景多摄像机跟踪。

传统单目标跟踪方法主要分为运动模型、特征表达、表观模型、算法更新模块，借助手工特征和浅层模型实现基于在线学习的跟踪。随着深度学习的发展，单目标跟踪转变为利用离线知识学习，随后再进行在线逐帧匹配。相比在线学习的方法，离线学习通过大量数据进行训练，可以取得更好的跟踪结果，但其计算复杂度也相应大幅度提升。本章以基于孪生网络的单目标跟踪方法为例，对模型优化思路进行详细分析，旨在帮助读者了解问题与方法之间的对应关系，提升建模能力。此外，本章还对单目标跟踪任务的两种拓展方向进行介绍，帮助读者了解该领域的前沿发展趋势，从而拓宽读者的研究思路。

相比于单摄像机的目标跟踪，多摄像机目标跟踪需要进一步考虑不同摄像机下或不同时间段内的目标对应关系。根据多摄像机网络是否出现视野重叠，该任务可以进一步细分为重叠场景下的多摄像机跟踪和非重叠场景下的多摄像机目标跟踪，其中后者广泛应用于监控系统，具有重要的实际应用价值。对于重叠摄像机网络，本章主要介绍透视变换的思想来实现多视角信息融合。对于跨摄像机跟踪，本章从研究内容和研究方法的角度对其进行梳理，并对其中目标匹配与识别任务衍生出来的行人重识别问题进行简要介绍。

参 考 文 献

[1] 王强. 基于孪生网络的实时视觉目标跟踪研究. 北京: 中国科学院自动化研究所, 2020.

[2] Chen X, Huang K, Tan T. Object tracking across non-overlapping views by learning inter-camera transfer models. Pattern Recognition, 2014, 47(3): 1126-1137.

[3] Ellis A, Shahrokni A, Ferryman J M. Pets2009 and winter-pets 2009 results: A combined evaluation//2009 12th IEEE International Workshop on Performance Evaluation of Tracking and Surveillance, 2009: 1-8.

[4] Wu Y, Lim J, Yang M H. Online object tracking: A benchmark//Proceedings of the IEEE Conference on Computer Vision and Pattern Recognition, 2013: 2411-2418.

[5] Huang L, Zhao X, Huang K. Got-10k: A large high-diversity benchmark for generic object tracking in the wild. IEEE Transactions on Pattern Analysis and Machine Intelligence, 2019, 43(5): 1562-1577.

[6] Kalman R E. A new approach to linear filtering and prediction problems. Transactions on ASME, 1960, 82: 35-44.

[7] Arulampalam M S, Maskell S, Gordon N, et al. A tutorial on particle filters for online nonlinear/non-Gaussian Bayesian tracking. IEEE Transactions on Signal Processing, 2002, 50(2): 174-188.

[8] Cho J U, Jin S H, Dai P X, et al. Multiple objects tracking circuit using particle filters with multiple features//Proceedings 2007 IEEE International Conference on Robotics and Automation, 2007: 4639-4644.

[9] Comaniciu D, Ramesh V, Meer P. Real-time tracking of non-rigid objects using mean shift// Proceedings IEEE Conference on Computer Vision and Pattern Recognition, 2000: 142-149.

[10] Comaniciu D, Ramesh V, Meer P. Kernel-based object tracking. IEEE Transactions on Pattern Analysis and Machine Intelligence, 2003, 25(5): 564-577.

[11] Viola P, Jones M. Rapid object detection using a boosted cascade of simple features//Proceedings of the 2001 IEEE Computer Society Conference on Computer Vision and Pattern Recognition, 2001: 1-13.

[12] Henriques J F, Caseiro R, Martins P, et al. Exploiting the circulant structure of tracking-by-detection with kernels//European Conference on Computer Vision, 2012: 702-715.

[13] Jia X, Lu H, Yang M H. Visual tracking via adaptive structural local sparse appearance model// 2012 IEEE Conference on Computer Vision and Pattern Recognition, 2012: 1822-1829.

[14] Huang L, Ma B, Shen J, et al. Visual tracking by sampling in part space. IEEE Transactions on Image Processing, 2017, 26(12): 5800-5810.

[15] Ma B, Huang L, Shen J, et al. Discriminative tracking using tensor pooling. IEEE Transactions on Cybernetics, 2015, 46(11): 2411-2422.

[16] Lu Y, Wu T, Chun Z S. Online object tracking, learning and parsing with and-or graphs// Proceedings of the IEEE Conference on Computer Vision and Pattern Recognition, 2014: 3462-3469.

[17] Lucas B D, Kanade T. An iterative image registration technique with an application to stereo

vision//Proceedings of the 7th International Joint Conference on Artificial Intelligence, 1981: 674-679.

[18] Matthews L, Ishikawa T, Baker S. The template update problem. IEEE Transactions on Pattern Analysis and Machine Intelligence, 2004, 26(6): 810-815.

[19] Hager G D, Belhumeur P N. Efficient region tracking with parametric models of geometry and illumination. IEEE Transactions on Pattern Analysis and Machine Intelligence, 1998, 20(10): 1025-1039.

[20] Black M J, Jepson A D. Eigentracking: Robust matching and tracking of articulated objects using a view-based representation. International Journal of Computer Vision, 1998, 26(1): 63-84.

[21] Kalal Z, Mikolajczyk K, Matas J. Tracking-learning-detection. IEEE Transactions on Pattern Analysis and Machine Intelligence, 2011, 34(7): 1409-1422.

[22] Hare S, Golodetz S, Saffari A, et al. Struck: Structured output tracking with kernels. IEEE Transactions on Pattern Analysis and Machine Intelligence, 2015, 38(10): 2096-2109.

[23] Blaschko M B, Lampert C H. Learning to localize objects with structured output regression// European Conference on Computer Vision, 2008: 2-15.

[24] Bordes A, Bottou L, Gallinari P, et al. Solving multiclass support vector machines with LaRank// Proceedings of the 24th International Conference on Machine Learning, 2007: 89-96.

[25] Crammer K, Kandola J, Singer Y. Online classification on a budget//Proceedings of the 16th International Conference on Neural Information Processing Systems, 2003: 225-232.

[26] Bolme D S, Beveridge J R, Draper B A, et al. Visual object tracking using adaptive correlation filters//2010 IEEE Computer Society Conference on Computer Vision and Pattern Recognition, 2010: 2544-2550.

[27] Henriques J F, Caseiro R, Martins P, et al. Exploiting the circulant structure of tracking-by-detection with kernels//The 12th European Conference on Computer Vision, 2012: 702-715.

[28] Henriques J F, Caseiro R, Martins P, et al. High-speed tracking with kernelized correlation filters. IEEE Transactions on Pattern Analysis and Machine Intelligence, 2014, 37(3): 583-596.

[29] Danelljan M, Shahbaz Khan F, Felsberg M, et al. Adaptive color attributes for real-time visual tracking//Proceedings of the IEEE Conference on Computer Vision and Pattern Recognition, 2014: 1090-1097.

[30] Danelljan M, Robinson A, Shahbaz K F, et al. Beyond correlation filters: Learning continuous convolution operators for visual tracking//European Conference on Computer Vision, 2016: 472-488.

[31] Kiani G H, Fagg A, Lucey S. Learning background-aware correlation filters for visual tracking// Proceedings of the IEEE International Conference on Computer Vision, 2017: 1135-1143.

[32] Ross D A, Lim J, Lin R S, et al. Incremental learning for robust visual tracking. International Journal of Computer Vision, 2008, 77(1-3): 125-141.

[33] Levy A, Lindenbaum M. Sequential Karhunen-Loeve basis extraction and its application to images//Proceedings 1998 International Conference on Image Processing, 1998: 456-460.

[34] Bao C, Wu Y, Ling H, et al. Real time robust l1 tracker using accelerated proximal gradient approach//2012 IEEE Conference on Computer Vision and Pattern Recognition, 2012: 1830-

1837.

[35] 黄梁华. 单目标视觉跟踪泛化性问题的相关研究. 北京: 中国科学院自动化研究所, 2020.

[36] Wang N Y, Yeung D Y. Learning a deep compact image representation for visual tracking// Proceedings of the 26th International Conference on Neural Information Processing Systems, 2013: 809-817.

[37] Hong S, You T, Kwak S, et al. Online tracking by learning discriminative saliency map with convolutional neural network//International Conference on Machine Learning, 2015: 597-606.

[38] Nam H, Han B. Learning multi-domain convolutional neural networks for visual tracking// Proceedings of the IEEE Conference on Computer Vision and Pattern Recognition, 2016: 4293-4302.

[39] Wang L, Ouyang W, Wang X, et al. Visual tracking with fully convolutional networks// Proceedings of the IEEE International Conference on Computer Vision, 2015: 3119-3127.

[40] Bae S H, Yoon K J. Robust online multi-object tracking based on tracklet confidence and online discriminative appearance learning//Proceedings of the IEEE Conference on Computer Vision and Pattern Recognition, 2014: 1218-1225.

[41] Bertinetto L, Valmadre J, Henriques J F, et al. Fully-convolutional Siamese networks for object tracking//European Conference on Computer Vision, 2016: 850-865.

[42] Li B, Yan J, Wu W, et al. High performance visual tracking with Siamese region proposal network// Proceedings of the IEEE Conference on Computer Vision and Pattern Recognition, 2018: 8971-8980.

[43] Zhu Z, Wang Q, Li B, et al. Distractor-aware Siamese networks for visual object tracking// Proceedings of the European Conference on Computer Vision, 2018: 101-117.

[44] Li B, Wu W, Wang Q, et al. Siamrpn++: Evolution of Siamese visual tracking with very deep networks//Proceedings of the IEEE/CVF Conference on Computer Vision and Pattern Recognition, 2019: 4282-4291.

[45] Held D, Thrun S, Savarese S. Learning to track at 100 fps with deep regression networks// European Conference on Computer Vision, 2016: 749-765.

[46] Huang L, Zhao X, Huang K. Globaltrack: A simple and strong baseline for long-term tracking// Proceedings of the AAAI Conference on Artificial Intelligence, 2020, 34(7): 11037-11044.

[47] Huang L, Zhao X, Huang K. Bridging the gap between detection and tracking: A unified approach// Proceedings of the IEEE/CVF International Conference on Computer Vision, 2019: 3999-4009.

[48] Wang Q, Zhang L, Bertinetto L, et al. Fast online object tracking and segmentation: A unifying approach//Proceedings of the IEEE/CVF conference on Computer Vision and Pattern Recognition, 2019: 1328-1338.

[49] Fan H, Lin L, Yang F, et al. Lasot: A high-quality benchmark for large-scale single object tracking// Proceedings of the IEEE/CVF Conference on Computer Vision and Pattern Recognition, 2019: 5374-5383.

[50] Luo W, Xing J, Milan A, et al. Multiple object tracking: A literature review. Artificial Intelligence, 2021, 293: 103448.

[51] Andriyenko A, Schindler K. Multi-target tracking by continuous energy minimization//CVPR, 2011: 1265-1272.

[52] Andriyenko A, Schindler K, Roth S. Discrete-continuous optimization for multi-target tracking// 2012 IEEE Conference on Computer Vision and Pattern Recognition, 2012: 1926-1933.

[53] Yu F, Li W, Li Q, et al. Poi: Multiple object tracking with high performance detection and appearance feature//European Conference on Computer Vision, 2016: 36-42.

[54] Brasó G, Leal-Taixé L. Learning a neural solver for multiple object tracking//Proceedings of the IEEE/CVF Conference on Computer Vision and Pattern Recognition, 2020: 6247-6257.

[55] Bae S H, Yoon K J. Confidence-Based data association and discriminative deep appearance learning for robust online multi-object tracking. IEEE Transactions on Pattern Analysis and Machine Intelligence, 2017, 40(3): 595-610.

[56] Lee B, Erdenee E, Jin S, et al. Multi-class multi-object tracking using changing point detection// European Conference on Computer Vision, 2016: 68-83.

[57] Tomasi C, Kanade T. Detection and tracking of point. International Journal of Computer Vision, 1991, 9: 137-154.

[58] Sadeghian A, Alahi A, Savarese S. Tracking the untrackable: Learning to track multiple cues with long-term dependencies//Proceedings of the IEEE International Conference on Computer Vision, 2017: 300-311.

[59] Milan A, Rezatofighi S H, Dick A, et al. Online multi-target tracking using recurrent neural networks//Proceedings of the 31th AAAI Conference on Artificial Intelligence, 2017: 4225-4232.

[60] Khan S M, Shah M. Tracking multiple occluding people by localizing on multiple scene planes. IEEE Transactions on Pattern Analysis and Machine Intelligence, 2008, 31(3): 505-519.

[61] Hofmann M, Wolf D, Rigoll G. Hypergraphs for joint multi-view reconstruction and multi-object tracking//Proceedings of the IEEE Conference on Computer Vision and Pattern Recognition, 2013: 3650-3657.

[62] Hu W, Hu M, Zhou X, et al. Principal axis-based correspondence between multiple cameras for people tracking. IEEE Transactions on Pattern Analysis and Machine Intelligence, 2006, 28(4): 663-671.

[63] Byeon M, Oh S, Kim K, et al. Efficient Spatio-temporal data association using multidimensional assignment in multi-camera multi-target tracking//BMVC, 2015: 6801-6812.

[64] Khan S, Shah M. Consistent labeling of tracked objects in multiple cameras with overlapping fields of view. IEEE Transactions on Pattern Analysis and Machine Intelligence, 2003, 25(10): 1355-1360.

[65] 陈晓棠. 非重叠场景下跨摄像机目标跟踪研究. 北京: 中国科学院大学, 2013.

[66] 陈威华. 多摄像机视觉目标跟踪关键问题研究. 北京: 中国科学院大学, 2017.

[67] Chen W, Cao L, Chen X, et al. An equalized global graph model-based approach for multicamera object tracking. IEEE Transactions on Circuits and Systems for Video Technology, 2016, 27(11): 2367-2381.

[68] Muller M, Bibi A, Giancola S, et al. Trackingnet: A large-scale dataset and benchmark for object tracking in the wild//Proceedings of the European Conference on Computer Vision, 2018: 300-

317.

[69] Cao Z, Simon T, Wei S E, et al. Realtime multi-person 2D pose estimation using part affinity fields// Proceedings of the IEEE Conference on Computer Vision and Pattern Recognition, 2017: 7291-7299.

[70] Huang T, Russell S. Object identification in a bayesian context//IJCAI, 1997: 1276-1282.

[71] Zajdel W, Zivkovic Z, Krose B J A. Keeping track of humans: Have I seen this person before// Proceedings of the 2005 IEEE International Conference on Robotics and Automation, 2005: 2081-2086.

[72] Gheissari N, Sebastian T B, Hartley R. Person reidentification using spatiotemporal appearance// 2006 IEEE Computer Society Conference on Computer Vision and Pattern Recognition, 2006: 1528-1535.

[73] Zheng L, Yang Y, Hauptmann A G. Person re-identification: Past, present and future. https: //arXiv preprint arXiv: 1610. 02984[2016-3-1] .

第6章 视频语义理解

6.1 引 言

随着信息技术和产业的迅猛发展，海量的图像和视频数据快速涌现。尤其是，频发的重大公共安全事件促使各国政府加大设备投入，在公共场所搭建大规模视频监控系统。同样，视频数据可以快速地在网络上传输，大量的国内外视频网站纷纷出现。在 YouTube 网站上，用户每分钟上传的视频时长超过 100 小时。如何从视频中提取有用的信息，进而对视频内容进行有效的分析和理解，成为研究与应用的关键问题。本章继续深入介绍视频语义理解的高层任务，如人体行为识别、群体行为分析、异常行为检测、视频描述和视频问答等。

这些任务可以对视频中的一系列内容，如"是谁""在哪儿""什么时候""在做什么"等，进行有效描述和判断是实现视频内容理解的重要手段和方式。人体行为识别主要侧重于对人体行为的分析和研究。如何对视频的时空结构和运动信息进行有效建模是人体行为识别任务的关键问题。在监控视频中，往往出现的是由大量个体组成的群体。在这种情况下，基于个体分析的方法往往不能有效地发挥作用。这就需要以群体为研究对象进行建模。在群体行为分析领域，如何实现对群体行为的有效表达，如何建立场景泛化能力强的模型，是研究者关注的重要问题。异常行为检测是监控场景中另一个比较受关注的任务。对于异常行为检测、异常行为的界定，以及如何在监督信息不足的情况下训练有效的模型成为该领域的关键。视频描述和视频问答是近几年来新兴的视频语义理解任务，通过结合视频与文本等多模态信息的方式可以实现视觉内容的高层语义认知。对于视频描述和视频问答，研究者更关注如何正确理解文本与视频中对象的种类、属性及关系等信息，并使该信息跨越视觉内容和文本之间的语义鸿沟，从而实现视频与自然语言的转化和生成。

在接下来的内容中，本章对人体行为识别、群体行为分析、异常行为检测、视频描述和视频问答这几个任务进行梳理，介绍其基本概念和代表性方法，并对这些任务面临的挑战和研究趋势简要阐述。

6.2　人体行为识别

6.2.1　人体行为识别简介

本节的主要内容是分析视频中单个人的行为，以及人与物的交互行为。作为视频分析领域的重要研究方向，人体行为识别具有重要的科学意义。早期视频分析主要的研究对象是图片，其目的是检测识别图片中的物体，并理解物体之间的关系。在现实生活中，人类获得的视觉信息大多是运动的，利用运动信息，计算机可以更深刻地理解物体在做什么，并以此对物体的运动进行判断和预测。因此，基于视频序列的行为识别是计算机视觉更高层次的研究目标。此外，研究人的行为对于研究大脑的视觉认知机理具有重要的意义。很多行为识别方法从大脑认知的角度构建行为表达模型，指导行为识别领域的发展。同时，行为识别领域的方法不仅是对大脑认知机理相关研究提供实验证明，还通过实践对认知科学进行反馈和促进。

这里对人体行为识别的定义是，对于给定的视频片段，按照其中的人类行为进行分类，如女孩化妆、男生打球、跑步等。相对于图像分类任务，人体行为识别更加关注如何感知感兴趣目标在图像序列中的时空运动变化。视觉行为的存在方式从二维空间到三维时空的扩展大大增加了行为表达及后续识别任务的复杂性，同时也为视觉研究者提供更广阔的空间以尝试不同的解决思路和技术方法。随着深度学习方法的提出，人体行为识别领域取得了极大的进展。

6.2.2　代表性方法介绍

按照行为复杂度，一般行为识别方法可以分为简单行为识别方法和复杂行为识别方法。

早期的方法通常把行为识别看成时变数据分类的问题，即将测试序列归入特定已知的动作类别中。常见的动作识别方法包括基于模板匹配的方法、基于概率统计的方法、基于语法的方法。基于模板匹配的方法利用一个或一组模板表示待识别目标的行为，然后将待识别目标的模板与预先存储的已知模板进行比较，根据相似度度量判别动作类别。其中代表性的方法有运动能量图和运动历史图[1]。基于概率统计的方法将动作表示成一个连续的状态序列，每个状态都有自己的表观和动态特征。状态之间的切换规律可以用时间转移函数表示。常见的模型有高斯混合模型和隐马尔可夫模型等[2]。基于语法的方法将语法分析的技术应用到人体动作识别中。这类方法将人体动作描述为一连串的符号，每个符号代表动作中的一个原子级的分解。这类方法需要首先识别这些原子动作，然后将人体动作表示为通过一系列生成规则的原子动作流。这类方法的具体细节可以参考文献[3]。

随着词袋模型的提出，有研究者提出通过"时空感兴趣点+词袋模型+支持向量机"的方法实现行为识别。经典的行为识别模型如图 6.1 所示。这类方法的思路框架与目标识别类似，区别在于行为识别需要额外设计描述时空特性的特征。

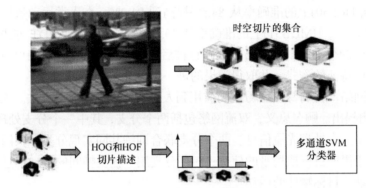

图 6.1　经典的行为识别模型[4]

在深度学习方法广泛应用之前，代表性方法有稠密轨迹(dense trajectories，DT)方法[5]和改进稠密轨迹(improved dense trajectories，IDT)方法[6]，其中 IDT 方法是最为经典的一种方法。虽然目前基于深度学习的方法已经超过基于稠密轨迹(dense trajectories，DT)方法，但是 IDT 的思路对后来的方法产生了重要影响，而且深度学习方法与 IDT 方法结合后也能获得准确性提升。图 6.2 为 DT 方法的基本框架，主要包括特征点稠密采样、特征点轨迹跟踪和基于轨迹的特征提取等几个部分。

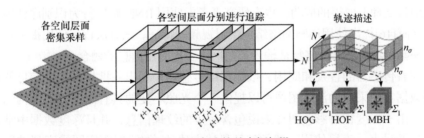

图 6.2　DT 方法的基本框架[5]

具体地，通过网格划分的方式在图片的多个尺度上对特征点稠密采样，当得到稠密采样特征点坐标位置之后，需要通过光流场对特征点进行跟踪。特征点在连续的图像上会构成一段轨迹。后续的特征提取沿着各个轨迹进行。由于特征点跟踪存在漂移现象，因此长时间的跟踪是不可靠的。一般在跟踪若干帧后就要对特征点重新进行稠密采样。除了轨迹特征，该方法还使用 HOF 特征[7]、HOG 特征[8]和运动边界直方图(motion boundary histogram，MBH)特征[9]。对于一段视频，存在大量的轨迹，每段轨迹都对应一组特征，DT 方法使用经典的词袋模型对这些特征进行编码。训练好码本后，就可以得到视频对应的特征并训练分类器。

IDT 的基本框架和 DT 方法相同，主要的改进在于对光流图像的优化、特征正则化方式的改进，以及特征编码方式的改进。这几处改进使算法的效果有了较大的提升，在中佛罗里达大学 50 类行为识别数据集(University of Central Florida 50 actions, UCF50)上的准确率从 84.5%提高到 91.2%，在人类运动数据集(human motion database，HMDB51)上的准确率从 46.6%提高到 57.2%。IDT 方法是深度学习之前最好的行为识别算法，其思路也被后来的方法借鉴。文献[10]同样采用沿着轨迹提取特征的方式，并取得效果的进一步提升。

双流网络[11]是将深度学习成功应用到人体行为识别的经典方法。该方法最早由 VGG 组提出。顾名思义，双流网络包括两个分支，其中一个分支处理 RGB 图像，另一个分支处理光流信息。两个分支联合训练共同实现分类。在网络中，空间分支用于提取目标或场景的信息；时序分支用于捕捉帧间的运动信息，包括摄像机的运动、目标物体的运动。

双流网络的思想可以为后续的方法提供重要的借鉴意义。临时片段网络(temporal segments networks，TSN)[12]针对双流网络不能对长时间的视频进行建模的问题进行改进。后续工作对双流分支的融合策略进行了进一步的探讨[13]。

在双流网络之外，三维卷积网络也受到研究者的关注[14,15]。三维卷积网络直接以视频为输入，使用三维卷积核实现时空特征的提取。相比传统的双流网络，这类方法不再需要提取光流信息，可以实现端到端的训练。不管是双流网络还是三维卷积网络，其本质都是在现有二维网络的基础上对时序信息进行建模。考虑 RNN 在自然语言处理上取得的成功，也有研究者考虑使用 RNN 解决行为识别序建模的问题。文献[16]提出使用递归网络结构学习视频的特征。该方法首先使用提取视频序列每一帧的特征，然后将特征输入递归网络实现时序信息的融合。

随着传感器的普及和应用，依托深度传感器涌现出一批具有深度信息的行为识别数据集，采集的深度图像可以提供一个光照不变的具有深度几何结构的前景信息。由于深度相对彩色图片来说包含较少的纹理信息，并且深度数据中常常伴有大量的噪声，直接使用一般的特征描述方法(如梯度)对深度图像序列进行描述不能取得令人满意的效果。针对深度图像的优势和问题，很多研究者提出不同的深度图像序列表达方法用于行为识别[17-19]。

6.3　群体行为分析

6.3.1　群体行为分析简介

伴随着人口数量的增加和群体活动的多样化，拥挤的群体场景在现实世界中越来越频繁地出现，给视觉监控、公共管理、公共安全带来极大的挑战。尽管有一系列研究通过识别、跟踪、检测等手段理解场景中人的行为，但是这些方法通常只适合人群密度较低的场景。当涉及复杂拥挤的场景时，传统的方法往往不能正常发挥作用。因为大量的个体不仅容易导致检测和跟踪的失败，而且会大大增加计算复杂度，所以作为一个独立的研究方向，复杂场景下的群体行为分析受到越来越多研究者的关注。群体行为分析主要针对不同场景中的群体动向、群体的稠密程度、发生的群体行为事件等进行分析理解，从而检测或预测群体的异常行为。群体行为分析在人群管理、智能监控等领域发挥着重要作用。

本书将群体行为的研究划分为群体统计和群体行为理解[20]。群体统计主要侧重于对群体的整体状态进行描述，包括群体密度估计、群体计数、群体分割任务等。群体统计是群体行为理解的基础。这些与群体相关的统计信息会给群体行为理解提供重要的判断依据。群体统计仍然存在许多难点。首先是精度和鲁棒性问题。常见的可能引起失败的因素包括光照变化、遮挡、相似物干扰、姿态、视角变化等。当前大多数算法在精度和鲁棒性方面往往顾此失彼，不能令人满意。第二是效率问题。目前绝大多数算法要么实时性好、鲁棒性和精度差；要么鲁棒性好、效率低。这使高层视觉技术的研究和应用受到极大的约束。因此，群体统计仍然是一个没有完全解决的基本问题，值得深入研究。群体行为理解也称狭义的群体行为理解，侧重于对于群体的运动行为进行分析，包括群体轨迹分析、群体行为刻画、属性识别等。

6.3.2　代表性方法介绍

根据任务的不同，研究可以分为群体统计和群体行为理解两部分，如群体密度估计、群体计数、群体流量分析、群体目标轨迹分析，以及群体行为分析等。

上述任务从技术角度大致可以分为三类，即基于手工特征的群体行为分析、基于模型的群体行为分析、基于特征学习的群体行为分析。基于手工特征的方法侧重于如何设计特征，进而对群体的关键点或时空特性进行描述。基于模型的方法通常利用物理模型或统计学模型对人群行为的动态变化进行拟合。基于特征学习的方法通常采用数据驱动的方式，直接从大量的样本中对描述群体行为的特征进行学习。本节首先从这一角度对一些代表性的方法及其思路进行介绍，然后对群体行为分析的传统典型应用，如群体密度估计、群体流量分析等问题进行梳理。

基于手工特征方法的基本框架是从视频序列中提取图像的兴趣点，得到该点的特征描述子，然后对描述子进行分类器训练得到人群行为的识别结果。在基于手工特征的群体行为分析中，词袋模型是常用的方法。如图 6.3 所示，文献[21]根据三种直观准则提取相应的行为特征，并使用词袋模型对特征进行编码，然后训练相应的分类器实现对群体中暴力行为的检测。应用词袋模型实现暴力行为检测如图 6.4 所示。

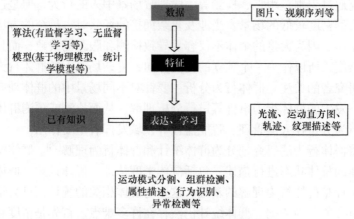

图 6.3　群体行为分析的一般框架[21]

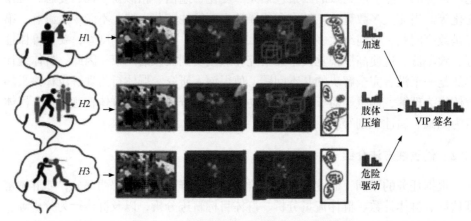

图 6.4　应用词袋模型实现暴力行为检测[22]

　　除了关注图像或视频的兴趣点，有些方法还考虑描述关键点的时空关系。其中，稠密轨迹特征是群体分析中常用的特征。由于具备一定的时空特性，稠密轨迹特征可以在一定程度上对群体的语义信息进行描述。稠密轨迹特征通常使用光流法或跟踪方法[23]来获得。对于高密度群体，由于遮挡、光照变化、目标的运动等，提取出来的密度轨迹中大多轨迹都是轨迹片段。相比于长轨迹，轨迹片段更加稳定且不易产生漂移现象。有研究者在基于轨迹片段的基础上提出一系列描述子。文献[24]按照不同的空间和时间尺度划分三维立方体，分别计算每个特定尺度立方体中相应轨迹片段的运动信息，从而获得该帧图像的特征表达。文献[25]根据 DT 片段的统计特性提出聚集度(collectiveness)、稳定度(stability)、一致性(uniformity)、冲突性(conflict)四种描述子。这些描述子可以用于描述不同分布、不同密度的群体场景。基于 DT 片段得到的群体运动特性描述子如图 6.5 所示。总体来讲，基于手工特征的方法实现相对容易，可以应用于实际工程。在现实中，这类方法受噪声、视角、光照，以及大尺度变化等干扰因素的影响比较大，因此鲁棒性相对较差。此外，这类方法对群体的表达能力较低，对不同场景的泛化性能也不高。

图 6.5 基于 DT 片段得到的群体运动特性描述子[25]

基于模型的方法根据一些先验的人群运动模型对人群行为的动态变化进行拟合，利用训练数据获得模型参数，并使用训练好的模型判别给定输入视频序列是否与模型一致，进而对场景中的人群行为状态做出一定的判别。其中，最具有代表性的工作是社会力模型。Helbing 等[26]提出基于分子动力学的社会力模型。应用社会力模型实现异常行为检测如图 6.6 所示。社会力模型认为，所有的物体只要运动就一定存在力的作用。在人群行为分析中，质点的移动可以看成质点受到一定作用力的结果。社会力模型假设由于个体之间的相互影响形成群体行为。在该模型中，行人受到目标的吸引，有自身的驱动力。同时，又受到其他行人或障碍物的排斥，时刻保持与周围环境之间的安全距离。此外还有一些方法，使用概率统计模型实现群体行为的分析，如随机场主题(random field topic，RFT)模型。文献[27]提出使用随机场主题模型学习轨迹片段的语义区域。相对于基于特征的方法，基于统计模型的方法可以更加直观、全面地对场景运动状态进行描述和表达。这类方法通常也适用于某个特定场景，模型的泛化性能不强。

那么怎么增强模型的泛化性能呢？有研究者借助深度学习，希望通过神经网络强大的特征学习能力，配合大量的训练数据和给定的任务，自我学习到更好的特征，而不再局限于直观的特征设计和模型选择，即基于特征学习的群体行为分析[28,29]。深度模型可以通过端到端的学习直接实现群体场景的语义理解任务，无需专门设计相应的群体行为描述子。要想获得令人满意的结果，足够的数据和准确的标注是必不可少的。对于群体行为分析来说，要想满足深度学习的要求，数据库的构建工作是极其复杂的，需要耗费大量的精力搜集感兴趣的视频数据，以及对海量信息的精确标注。这也是深度学习时代群体行为分析的一大难点。文献[28]仅在视频层面给出类别的标注信息，缺乏进一步的细粒度标注。

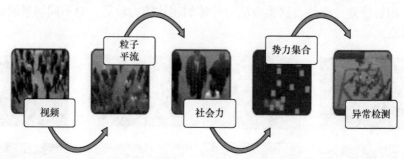

图 6.6　应用社会力模型实现异常行为检测[26]

下面介绍群体行为分析中的两个典型应用，即群体密度估计和人群流量分析的常用方法。

群体密度估计是群体行为分析中的一项重要内容，也是智能视频监控领域的典型应用之一。群体密度估计从直观上可以分为直接密度分析方法和间接密度分析方法[30]。直接密度分析方法也称基于目标检测的分析方法，通常基于某种模型，通过分割或检测的方法获得图片中个体的位置，通过人数来衡量人群的拥挤度。常用的检测子包括人头检测子、头肩检测子、行人检测子。然而，当人群很拥挤、人与人之间遮挡比较严重时，该方法则比较复杂，检测准确率较低。间接密度分析方法也可称为基于特征分析的密度分析方法，通过提取人群聚集区域的人群特征[31-33]，使用机器学习方法或统计分析方法估计人群的拥挤度。该方法相对直接人群分析方法更加鲁棒。

稠密区域的人群流量分析也是一个重要的问题，不但可以检测局部的群体聚集情况，而且可以通过人群的流入和流出估计更大范围的人群数量。对于一些很大的区域，如体育场、公园、广场等，如果使用密度分析监控内部人数的变化，需要使摄像机监控视频全覆盖该区域，花费成本较高。如果仅在该区域的出入口分析流入和流出人数，通过总的人流量间接地推断内部人数，则只需要少量的摄像机即可实现。因此，群体目标流量分析可以解决很多应用中的实际问题。常见的流量分析方法有基于轨迹跟踪的流量分析方法、基于特征估计的流量分析方法、基于特征回归的流量分析方法。基于轨迹跟踪的流量分析方法是通过行人检测、行人跟踪相结合来统计人数[34]。Zhao 等[34]为准确地分割出单个人，使用俯视拍摄的方式采集图像，在 Lab 颜色-对立空间(lab color space)进行分割，然后提取局部特征，并使用卡尔曼滤波的方法跟踪该目标，即使目标突然转身时也可以准确跟踪到目标，如图 6.7 所示。基于特征估计的流量分析方法通过提取目标特征，使用线性拟合的方法得到单个行人与特征的关系来统计人数。Lee 等[35]提出一种自动人流量估计的方法，首先提取行人前景像素特征和运动向量，得到运动行人的像素，然后根据行人高度信息矫正相机的透视形变，从而给予像素不同的权重，最后累积行人通过标定线时的像素特征，在累积的同时根据行人的速度得到不同的累积系数。当累积像素达到阈值时，则累积一个人。基于特征估计的流量分析方法计算简单，可以达到实时性要求，但是由于需要针对不同的场景调节相应的参数，训练不同的模型，而且选用不同的特征表达对统计结果影响也很大，因此在实际大规模应用特征回归的流量分析方法[36]时，通过提取目标特征，可以使用机器学习的方法得到特征与人数的关系。

   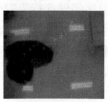

(a) 直线跟踪 (b) 静止 (c) 中途折返 (d) 对角线跟踪

图 6.7 俯视拍摄方式跟踪示例

6.4 异常行为检测

6.4.1 异常行为检测简介

在分析真实世界的数据时，通常需要确定或判断某些实例是否与众不同。与众不同的实例可以称为异常。文献[37]将异常定义为"an observation that deviates so significantly from other observations as to arouse suspicion that it was generated by a different mechanism"。文献[38]将异常定义为"patterns in data that do not conform to a well-defined notion of normal behavior"。异常检测的目标是，通过数据驱动的方式确定所有的异常情况。异常现象在现实生活中是经常存在的，异常检测在一系列领域都发挥着重要的作用，如网络安全中的入侵检测、监控系统中的异常状况预警、医学健康中的病灶检测等。

尽管这个任务看起来并不复杂，在实际应用中，却经常面临着一系列挑战。

① 定义所有的正常行为是非常困难的,而且正常和异常的边界通常很难给出精确的定义，因此对位于边界的观测很难做出判断。

② 当异常行为是一些人为的恶意结果时，它们通常会被伪装的像正常现象一样。

③ 对于不同的领域，异常的确切概念是不明确的。一个具体任务定义的异常

情况转换到另一个任务中往往是正常的现象。

④ 异常检测中异常数据的获得和标注往往十分困难。

⑤ 有些情况下,数据自身的噪声会与异常现象十分相似,因此很难区分和移除。正是因为这些因素,异常检测往往没有那么容易解决。针对不同的问题,需要根据其特点进行相应的方法设计。

在异常检测的诸多应用领域中,异常行为检测往往是研究者关注的焦点。异常行为通常指与正常行为不同且很少发生的行为。异常行为检测最重要的一个应用就是智能监控系统。监控场景中的异常行为通常包括步行街上出现异动的汽车、入口的逆行、人群的恐慌、道路上的群体聚集等。考虑公共安全等问题,需要界定这些异常行为发生的时间和位置,且对一些罕见的异常行为做出实时的判断和预警,并快速采取相应的措施。通常来讲,异常行为发生的频率较低,并且缺少准确的定义,异常行为的定义依赖对"正常"定义的尺度。此外,异常行为和场景息息相关,同一行为在不同场景下可能异常,也可能不是。这些因素都给异常行为检测方法带来了极大的挑战。值得一提的是,异常行为检测和群体行为分析、人体行为识别研究是相关的,但二者也有明显的区别。最大的区别在于,群体行为分析和人体行为识别利用已知的规则和数据进行建模,更关注如何从视频中发现已知的行为和动作。异常行为检测更加关注从多种正常时间中发现异常行为,而异常行为往往没有预先的训练数据。即便采集到相应的数据,也很难套用经典的分类模型来解决,因为采集到的数据往往有严重的不均衡现象。此外,异常行为的种类也比较多,类内间差距也很大。

异常行为比较罕见且采集难度大,筛选过程费时费力。这也为异常行为检测数据库的构建带来极大的挑战。因此,大多数数据集倾向于在训练集中使用非异常数据,即采用无监督学习方法训练异常行为检测模型。此外,也有少量数据集的正例视频包含异常行为,但是未标注所在帧,适合一些弱监督方法的训练和评估。

6.4.2　代表性方法介绍

目前异常行为检测方法主要有两种思路,即基于无监督的异常行为检测和基于弱监督的异常行为检测。对于无监督方法来说,训练集中通常不包括异常数据。弱监督方法的训练集会标注异常的数据,但是标注信息相对较弱,一般不会给出异常行为的起始时间和具体位置。异常行为检测的通用流程包括三个步骤,即特征提取、正常行为模式学习、离群点检测等。特征提取的方法与之前介绍的方法类似。这里主要对正常行为模式学习和离群点检测的思路做一些简要的介绍。在这两个步骤中,有一些方法采用经典的机器学习模型,如隐马尔可夫模型、CRF模型和聚类模型等。文献[39]将视频分成若干片段,每个片段分割成若干立方体,并假设这些立方体在时间上具有马尔可夫性。随后，通过隐马尔可夫模型对每个片段建模，估算立方体之间的状态转移。相应地，离群点检测任务就转换为寻找不太可能发生状态转移的相邻立方体。

文献[40]通过聚类的方法实现异常行为检测。如图 6.8 所示，文献[40]将异常检测当成可区分的多分类问题，通过物体检测模型对图像做预处理，提取以物体(人)为中心的视觉特征，随后将特征送入卷积自编码器中进行上下文信息的编码。为了解决缺乏异常数据的问题，通过 k-means 聚类对所有样本的上下文特征进行聚类，获得多个聚类中心。每一个聚类中心都代表一种正常情况。对于每个给定的聚类簇，采用一对多策略，将其他的簇看成伪异常数据，训练相应的二分类模型，最终得到 K 个分类器。在测试中，分别用 K 个分类器对每个测试样本进行分类打分，得分最低的样本看成异常样本。

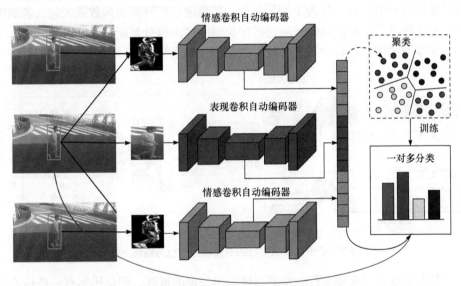

图 6.8　通过聚类实现异常行为检测的模型[40]

除了经典的机器学习方法，还有一些方法借鉴深度生成模型的思路。文献[41]通过三维编码-解码器进行无监督的特征学习。解码器部分采用双路模型，一部分重构过去的行为，一部分预测未来的行为。该方法假设异常现象为视频中时间和空间不平滑的位置，因此编码-解码器重构误差和预测误差越大的区域，越有可能属于异常。

上述方法基本上都是基于无监督的异常行为检测方法。除了无监督的方法，还有一些方法借助少量的标注信息，通过弱监督的方式实现异常行为检测。基于弱监督的方法研究的主要内容是如何在拥有少量正例标注的情况下，将问题转化为有监督的二分类问题或回归问题。文献[42]希望在无监督异常行为检测算法的基础上加入少量的监督信息，以帮助算法更好地理解异常行为，并提出相应的中佛罗里达大学异常行为(University of Central Florida anomaly detection, UCF-Crime)数据集。由于精确标注每个异常行为在视频中的位置非常耗时，因此 UCF-Crime 数据集仅给出视频级的标注，每个标签只标注视频中是否有异常，而不知道异常发生的时间。为了解决这种弱标注的问题，文献[42]提出深度多示例学习模型。对于普通的分类模型，通常是一个样本对应一个标签。多示例学习模型则引入包的概念，将一个包对应一个标签。在多示例学习模型中，一个正样本包中需要至少包括一个正样本，而一个负样本包中全部都是负样本。因为一个包中有多个样本，所以称为多示例学习。文献[42]将异常检测建模成回归问题，并假设异常事件的异常得分要高于正常事件的异常得分。在训练过程中，模型需要从正负样本包中各自选择得分最高者，作为正例和负例，然后通过铰链损失函数最大化二者的距离，并不断迭代。在测试时，通过排序模型的输出得分判断视频是否异常。基于多示例学习的弱监督异常行为检测方法如图 6.9 所示。

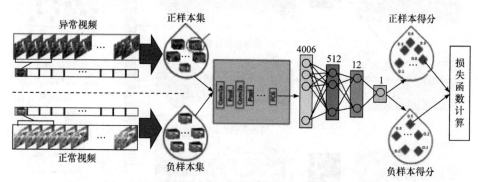

图 6.9   基于多示例学习的弱监督异常行为检测方法[42]

虽然上述方法在异常行为检测领域取得一定的进展，但是仍然有一些核心的问题没有被有效解决。首先，目前的异常行为检测算法还停留在比较单一的场景下，不具有场景判别能力。其次，也是最重要的一点，现有模型对正常行为模式的学习仅停留在视觉像素级别，即通过像素或局部图像(视频)区域在时空的平滑性作为判断异常行为的依据，缺乏对异常行为本身的语义理解能力。最后，异常行为应用的场景非常广泛，这对数据库的规模、覆盖场景的多样性、标注的规范程度都提出一定的要求。异常行为检测作为智能视频理解的重要应用之一，非常依赖视频理解(包括行为识别)技术的发展。它作为智能安防的重要一环，必将发挥巨大的社会价值。

6.5　视频描述和视频问答

近年来，随着海量的文本、图像、视频、音频等多媒体数据的爆炸性增长，也推动了自然语言处理和计算机视觉这两个领域的融合。在视觉与语言相结合的主题下，有很多不同的多模态任务被提出，视频描述和视频问答就是其中的典型任务。同时，视频描述和视频问答也属于计算机视觉高层语义理解范畴，是近几年的新兴热点问题，受到学术界和工业界的广泛关注。

6.5.1　视频描述

1. 视频描述简介

比视频描述任务更早提出的是图像描述，即使用一个语法和语义正确的句子描述图像。视频描述指通过计算机自动生成对视频内容的自然语言描述。不同于图像这种静态的空间信息，视频除了空间信息，还包括时序信息、声音信息，这就表示一段视频比图像包含的信息更多，同时要求提取的特征更多。视频包含的丰富的空间-时间信息为该项任务引入了多样性和复杂性。根据视频持续时间的长短，视频描述任务通常划分为简单视频描述任务和稠密视频描述任务。对于简单视频描述任务，通常指用一句话描述一个持续时间大约在 5～20s 的只包含一个事件的视频。对于稠密视频描述任务，视频通常持续时长为 5～10min，且包含多个事件。该任务需要自动检测出视频中的重要事件，输出每个事件的起始时间戳和终止时间戳，同时为每个事件生成一句自然语言描述。视觉描述任务示例如图 6.10 所示。

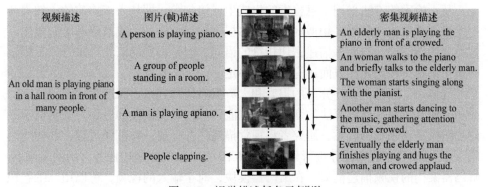

图 6.10　视觉描述任务示例[43]

视频描述涉及对多个视觉实体的理解，包括视觉场景、场景中出现的视觉对象，以及能够识别时间域上的动作及事件、人和人之间的交互、人和物之间的交互等。因此，视觉描述任务具有很大的挑战性。

视频描述任务也有广阔的应用前景，如视频检索与提取。有些 YouTube 视频下方有一个时间戳，表示视频中不同事件的开始时刻，方便人们定位自己想看的视频片段；在监控系统中，实时生成多台摄像机的视频字幕；在智能人机交互中，通过将演示视频中的动作自动转换成简单的指令，指导机器人完成指定任务。此外，还有手语翻译，以及辅助视障人士导航等重要应用。

2. 视频描述代表性方法介绍

早期的方法以基于模板的方法和基于检索的方法为主，研究的内容以图像为主。基于模板的方法首先检测图像或视频中的对象、属性、概念，以及对象关系等内容，然后利用预定义的语言模板，将检测到的视觉内容和语句的组成部分(主语、谓语、宾语等)进行对齐，进而形成文本描述。基于模板/规则的视频描述框架如图 6.11 所示。

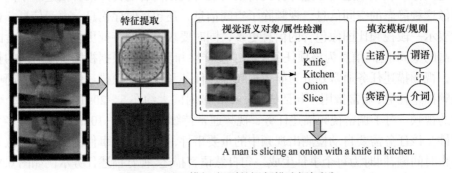

图 6.11　基于模板/规则的视频描述框架[44]

基于检索的方法采用信息检索的模式生成语句[45]，即从人工构建的语句集合中检索与图像或视频语义相似的语句，并根据检索的语句生成最终的语句描述。这类方法能够得到与人工描述密切相符的语句，但是得到的语句都来自人工构建的语句集合，在泛化性方面还有一定的不足。

近年来，随着机器计算力的提升和大数据时代的到来，深度学习获得巨大的成功，使基于深度学习算法的众多人工智能领域取得突破性的进展。受到机器翻译和图像描述领域的启发，研究者将视觉描述任务看成一种翻译过程，并构建编码-解码器模型对这一任务进行建模。图 6.12 展示了视觉描述任务常用的编码器-解码器架构的视频描述框架。在编码器模块，对于输入的视频，可以用二维卷积神经网络提取视频帧的特征，或者用三维卷积神经网络提取视频片段的特征，也可以用 Faster R-CNN 提取视频帧的对象区域特征。然后，通过某些特征融合方式融合这些提取的视频特征，送入一个语言解码器解码，生成描述序列。常用的特征融合策略有基于均值/最大池化方法、基于注意力机制(时序注意力/空间注意力/语义注意力)、基于图卷积网络的关系建模等。

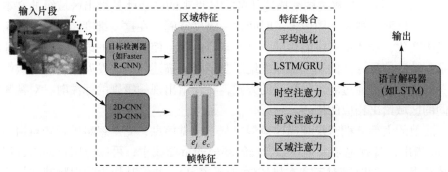

图 6.12　编码器-解码器架构的视频描述框架[46]

基于深度学习的方法通过对视觉内容和文本序列进行联合建模，直接从视觉内容中生成文本描述，不依赖具体的语言模板，因此能够生成语法结构灵活，更加符合人类语言表达习惯的语句。

文献[47]首次提出使用编码-解码器模型描述视频，对后续的方法产生了较大影响。该方法首先利用卷积神经网络 AlexNet 提取视频帧特征，然后通过平均池化操作产生单一特征向量代表整个视频。在解码阶段，该方法使用 LSTM 作为序列编码器，产生基于向量的描述。不容忽视的是，这种方法只考虑视频帧的特征，忽略了视频的动态性与连续性。文献[48]使用在行为识别数据库上进行预训练的卷积神经网络实现视频片段的特征提取。卷积神经网络以一小段时间范围内的若干帧为输入，输出对应该局部时间的特征向量，捕获局部视频内的运动信息。文献[49]提出一种比较经典的基于长短时记忆网络的视频描述方法。该方法通过序列到序列的模型框架，动态地对视频帧特征进行序列建模，将视频序列映射为语句描述。文献[50]利用分层 RNN 结构和时空注意力机制实现视频描述。此外，还有基于联合嵌入的模型[51]、基于语义引导的模型[52]、基于句法引导的模型[53]、基于强化学习的视频描述框架[54]等。

3. 稠密描述代表性方法介绍

除了对视频特征提取方式和解码器模型进行研究，还有一部分研究者对视频描述这一任务本身展开探索。2017 年，Krishna 等[55]受到 Johnson 等[56]提出的稠密图片描述任务的启发，提出稠密视频描述任务，同时提出行为-描述数据集。稠密视频描述模型通常包含事件检测和事件描述模块。事件检测模块将视频作为输入，生成候选事件。每个候选事件是一个三元组(起始时间，结束时间，该候选包含事件的置信度)。事件描述模块同简单事件描述一样，是一个语言解码器。为了解决稠密视频描述任务，文献[55]通过视频动作推荐的方式生成候选区域，将候选区域的隐层特征表达送入解码器进行文本的生成。

文献[57]认为要解决稠密描述任务，最直观的办法就是给出区域级的文本描述标注。然而，视频比图像多了时间这一维度空间。在这一维度，物体的视角可能发生变化，物体也有可能移动。这些丰富的信息使区域级的语句标注变得非常复杂。精确信息标注的缺失也极大地限制了稠密描述任务的发展。为了有效解决这一问题，提出通过弱监督学习的方式，在仅给出视频级别的标注时，对视频中不同的区域给出相应的描述。

之前的大部分稠密视频描述模型只基于视觉信息，完全忽略了音频轨道。文献[58]指出，音频也是人类观察者理解环境的重要线索，可以应用自动语音识别系统获得语音的时序对齐文本描述(类似于字幕)，并将其作为除视频帧和相应音轨之外的输入，然后基于转换器模型对每个事件提议的模态特征进行编码，并生成事件的标题。

6.5.2 视频问答

1. 视频问答简介

视频问答是指对给定的视频，以及针对该视频提出的问题，通过获取视觉信息和语义信息，对提出的问题给出合适答案的过程。如图 6.13 所示[59]，给定一段视频，用户提出问题"What does the man do before spinning bucket？"，机器给出答案"Spinning laptop"。视频问答属于多模态的机器学习任务，涉及文本、图像、音频等多个媒体。视频问答有很多实际应用，例如视频搜索，以及帮助视障人士理解视频内容等。视频问答可以打破视觉和语言的鸿沟，促进人机交互的发展。

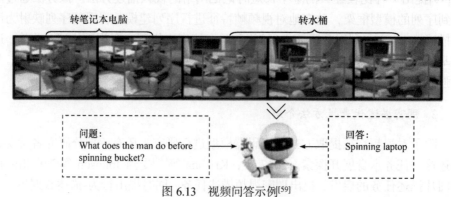

图 6.13　视频问答示例[59]

视频问答的主要目标是学习一个模型，需要理解视频和问题中的语义信息及其语义关联, 以预测给定问题的正确答案。视频问答虽然是图像问答的扩展, 但是简单将图像问答的方法用于视频问答不能达到理想的效果。因为视频问答处理的是长序列图像, 不是单一的静态图像, 同时视频中天然具有时间线索, 视频问答中会有许多必须经过时间推理才能回答的问题, 如动作过渡、计数等, 所以相对图像问答, 视频问答任务更具有挑战性。

首先, 视频的语义表征学习是视频问答研究的重点。视频是长序列图像而不是单一的静态图像, 图像序列之间存在紧密的相关性。视频越久, 序列越长。目前, 长序列数据的语义表征学习仍然是研究的难点。因序列之间动态的关系, 视频问答无法简单地将所有静态图片进行组合, 必须考虑兼有时间和空间特点的动态语义信息。最简单的如"人在做什么", 仅从视频中截取任意一帧都无法判别, 必须根据连续变化的序列信息才能辨识。其次, 如何将视频、图像、文本进行有效地融合成为目前视频问答任务的重点。视觉问答领域提出一些多模态融合方法, 它们可以将图片特征和文本特征充分交融, 给之后的推理提供极大的帮助。最后, 如何利用丰富的外部知识库推理, 无法仅利用视频信息进行回答是视频问答研究的一个难点。例如, "视频中出现的黄色物体有什么用", 需要识别该物体是什么, 并从知识库搜索该物体的作用是什么, 才能回答该问题。因此, 视频问答任务仍有诸多挑战, 需要研究者继续深入研究。

2. 视频问答代表性方法介绍

目前, 视频问答的研究取得了不错的进展, 本节按照文献[60]的划分方法, 介绍基于编码器-解码器的方法、内存网络方法、注意力机制方法, 以及其他方法。

基于编码器-解码器的方法由编码器和解码器两部分构成。编码器可变长度的输入序列编码为中间编码, 解码器将该中间编码解码生成可变长度的输出序列。门递归单元(gate recurrent unit, GRU)[61]采用多层 GRU 编码器-解码器框架, 并提出双通道排序损失来推理过去, 描述现在并且预测未来。文献[62]采用无监督方法对编码器进行训练, 该方法能够在较长的时间范围内对视频时间结构进行建模, 但是该方法分别对时间模型和问答模型进行训练, 削弱了视频内容与文本之间的关系。Jang 等[63]提出时空视频问答(spatio-temporal visual question answering, ST-VQA)模型, 将时空注意模型集成到编码器中, 并根据问题选择各帧的关键区域和视频中的重要帧。

Kim 等[64]引入一种名为深度嵌入式内存网络的内存机制, 通过使用动画视觉问答(pororo question answering, Pororo-QA)数据集, 从候选答案形式的多个选择中选择最佳的生成答案。Ge 等[65]提出用于视频问答的忘记记忆网络, 当视频帧特征输入忘记记忆网络时, 可以选择与问题相关的区域特征, 并忘记与问题不相关的特征, 然后使用嵌入式视频和问题特征预测选择的答案。

注意力模型从自然语言处理领域扩展到计算机视觉领域，受到极大的关注，成为自然语言处理、统计学习、语音识别，以及计算机视觉应用的重要组成部分。人类在进行高信息量任务处理的时候，效率会非常高。这是因为人类不会花大量时间去机械地遍历处理每一个区域，而是很快地注意到那些对完成任务有帮助的信息，并着重利用这些信息。这就是人类天生具备的注意力能力[66]。注意模型应用于视频问答任务，以问题作为查询，视频作为源，因为注意模型使结果具有多功能性、直观性、可解释性。Mun 等[67]提出一个解决视频问答任务的注意力框架。该框架由时间注意模型、时空注意模型、全局上下文嵌入模型三个部分组成。

6.6　小　　结

本章对视频内容理解的几项任务，如人体行为识别、群体行为分析、异常行为检测、视频描述、视频问答等进行介绍。随着深度学习研究的进展，目前的人体行为识别方法已经在现有的数据库上取得令人比较满意的结果。人体行为识别主要针对个体或少数个体间交互行为的研究，而群体行为分析针对不同场景群体行为和事件进行分析理解。在群体行为分析领域，虽然群体统计信息的研究得到长足的进步，但是群体行为理解的研究仍处于探索阶段。传统的基于规则的描述子对群体的表达能力有限，而且对不同场景的泛化性能也不高，基于深度学习的方法可以通过端到端的方式自动学习特征，但是群体行为分析的数据往往需要大量细粒度信息的标注，而这也进一步限制了该领域的发展。同样面临类似困扰的是异常行为检测，受限于异常行为的稀疏性、采集难度较高、标注成本代价大等，目前异常行为检测方法仍然以无监督或弱监督的方式为主。由于缺乏足够的监督信息，现有的方法主要以像素级信息在时间或空间的不平滑性作为异常行为判断的依据，并不能真正理解行为本身。视频描述和视频问答是最近几年出现的视觉高层语义理解任务。与检测或识别任务不同，视频描述和视频问答通过文本生成或文本问答的方式实现对视频语义内容的自然语言描述，具有重要的应用价值。现阶段，这两个任务仍然是非常有挑战性的高层语义理解任务，并且目前针对视频描述任务的评估指标还不足以衡量机器生成的描述与人类描述之间的一致性，因此这也是视频描述任务亟需解决的挑战。

参 考 文 献

[1] Bobick A F, Davis J W. The recognition of human movement using temporal templates. IEEE Transactions on Pattern Analysis and Machine Intelligence, 2001, 23(3): 257-267.

[2] Wilson A D, Bobick A F. Parametric hidden Markov models for gesture recognition. IEEE Transactions on Pattern Analysis and Machine Intelligence, 1999, 21(9): 884-900.

[3] Zhang Z, Tan T, Huang K. An extended grammar system for learning and recognizing complex visual events. IEEE Transactions on Pattern Analysis and Machine Intelligence, 2010, 33(2): 240-255.

[4] Laptev I, Marszałek M, Schmid C, et al. Learning Human Actions from Movies. http: //www. di. ens. fr/~laptev/actions/[2022-12-1] .

[5] Wang H, Kläser A, Schmid C, et al. Dense trajectories and motion boundary descriptors for action recognition. International Journal of Computer Vision, 2013, 103(1): 60-79.

[6] Wang H, Schmid C. Action recognition with improved trajectories// Proceedings of the IEEE International Conference on Computer Vision, 2013: 3551-3558.

[7] Chaudhry R, Ravichandran A, Hager G, et al. Histograms of oriented optical flow and binet-cauchy kernels on nonlinear dynamical systems for the recognition of human actions// 2009 IEEE Conference on Computer Vision and Pattern Recognition, 2009: 1932-1939.

[8] Dalal N, Triggs B. Histograms of oriented gradients for human detection// 2005 IEEE Computer Society Conference on Computer Vision and Pattern Recognition, 2005: 886-893.

[9] Dalal N, Triggs B, Schmid C. Human detection using oriented histograms of flow and appearance//European Conference on Computer Vision, 2006: 428-441.

[10] Wang L, Qiao Y, Tang X. Action recognition with trajectory-pooled deep-convolutional descriptors// Proceedings of the IEEE Conference on Computer Vision and Pattern Recognition, 2015: 4305-4314.

[11] Simonyan K, Zisserman A. Two-stream convolutional networks for action recognition in videos// Proceedings of the 27th International Conference on Neural Information Processing Systems, 2014: 568-576.

[12] Wang L, Xiong Y, Wang Z, et al. Temporal segment networks: Towards good practices for deep action recognition//European Conference on Computer Vision, 2016: 20-36.

[13] Feichtenhofer C, Pinz A, Zisserman A. Convolutional two-stream network fusion for video action recognition//Proceedings of the IEEE Conference on Computer Vision and Pattern Recognition, 2016: 1933-1941.

[14] Ji S, Xu W, Yang M, et al. 3D convolutional neural networks for human action recognition. IEEE Transactions on Pattern Analysis and Machine Intelligence, 2012, 35(1): 221-231.

[15] Tran D, Bourdev L, Fergus R, et al. Learning spatiotemporal features with 3d convolutional networks//Proceedings of the IEEE International Conference on Computer Vision, 2015: 4489-4497.

[16] Donahue J, Anne H L, Guadarrama S, et al. Long-term recurrent convolutional networks for visual recognition and description//Proceedings of the IEEE Conference on Computer Vision and Pattern Recognition, 2015: 2625-2634.

[17] Li W, Zhang Z, Liu Z. Action recognition based on a bag of 3d points//2010 IEEE Computer Society Conference on Computer Vision and Pattern Recognition Workshops, 2010: 9-14.

[18] Jalal A, Kamal S, Kim D. A depth video sensor-based life-logging human activity recognition

system for elderly care in smart indoor environments. Sensors, 2014, 14(7): 11735-11759.

[19] Oreifej O, Liu Z. Hon4d: Histogram of oriented 4D normals for activity recognition from depth sequences//Proceedings of the IEEE Conference on Computer Vision and Pattern Recognition, 2013: 716-723.

[20] Grant J M, Flynn P J. Crowd scene understanding from video: A survey. ACM Transactions on Multimedia Computing, Communications, and Applications, 2017, 13(2): 1-23.

[21] Li T, Chang H, Wang M, et al. Crowded scene analysis: A survey. IEEE Transactions on Circuits and Systems for Video Technology, 2014, 25(3): 367-386.

[22] Mohammadi S, Perina A, Kiani H, et al. Angry crowds: Detecting violent events in videos// European Conference on Computer Vision, 2016: 3-18.

[23] Lucas B D, Kanade T. An iterative image registration technique with an application to stereo vision//Proceedings of Imaging Understanding Workshop, 1981: 121-130.

[24] Mousavi H, Mohammadi S, Perina A, et al. Analyzing tracklets for the detection of abnormal crowd behavior//2015 IEEE Winter Conference on Applications of Computer Vision, 2015: 148-155.

[25] Shao J, Change Loy C, Wang X. Scene-independent group profiling in crowd// Proceedings of the IEEE Conference on Computer Vision and Pattern Recognition, 2014: 2219-2226.

[26] Helbing D, Molnar P. Social force model for pedestrian dynamics. Physical Review E, 1995, 51(5): 4282.

[27] Zhou B, Wang X, Tang X. Random field topic model for semantic region analysis in crowded scenes from tracklets//CVPR, 2011: 3441-3448.

[28] Shao J, Kang K, Change Loy C, et al. Deeply learned attributes for crowded scene understanding// Proceedings of the IEEE Conference on Computer Vision and Pattern Recognition, 2015: 4657-4666.

[29] Shao J, Loy C C, Kang K, et al. Slicing convolutional neural network for crowd video understanding//Proceedings of the IEEE Conference on Computer Vision and Pattern Recognition, 2016: 5620-5628.

[30] Conte D, Foggia P, Percannella G, et al. A method for counting people in crowded scenes//2010 7th IEEE International Conference on Advanced Video and Signal Based Surveillance, 2010: 225-232.

[31] Wu X, Liang G, Lee K K, et al. Crowd density estimation using texture analysis and learning//2006 IEEE international Conference on Robotics and Biomimetics, 2006: 214-219.

[32] Li X, Shen L, Li H. Estimation of crowd density based on wavelet and support vector machine. Transactions of the Institute of Measurement and Control, 2006, 28(3): 299-308.

[33] Conte D, Foggia P, Percannella G, et al. Counting moving persons in crowded scenes. Machine Vision and Applications, 2013, 24(5): 1029-1042.

[34] Zhao C, Pan Q, Li S Z. Real time people tracking and counting in visual surveillance//2006 6th World Congress on Intelligent Control and Automation, 2006, 2: 9722-9724.

[35] Lee G G, Kim B, Kim W Y. Automatic estimation of pedestrian flow//2007 First ACM/IEEE International Conference on Distributed Smart Cameras, 2007: 291-296.

[36] Cong Y, Gong H, Zhu S C, et al. Flow mosaicking: Real-time pedestrian counting without scene-specific learning//2009 IEEE Conference on Computer Vision and Pattern Recognition, 2009: 1093-1100.

[37] Hawkins D M. Identification of Outliers. London: Chapman and Hall, 1980.

[38] Chandola V, Banerjee A, Kumar V. Anomaly detection: A survey. ACM Computing Surveys, 2009, 41(3): 1-58.

[39] Kratz L, Nishino K. Anomaly detection in extremely crowded scenes using spatio-temporal motion pattern models//2009 IEEE Conference on Computer Vision and Pattern Recognition, 2009: 1446-1453.

[40] Ionescu R T, Khan F S, Georgescu M I, et al. Object-centric auto-encoders and dummy anomalies for abnormal event detection in video//Proceedings of the IEEE/CVF Conference on Computer Vision and Pattern Recognition, 2019: 7842-7851.

[41] Zhao Y, Deng B, Shen C, et al. Spatio-temporal autoencoder for video anomaly detection//Proceedings of the 25th ACM International Conference on Multimedia, 2017: 1933-1941.

[42] Sultani W, Chen C, Shah M. Real-world anomaly detection in surveillance videos//Proceedings of the IEEE Conference on Computer Vision and Pattern Recognition, 2018: 6479-6488.

[43] Aafaq N, Mian A, Liu W, et al. Video description: A survey of methods, datasets, and evaluation metrics. ACM Computing Surveys, 2019, 52(6): 1-37.

[44] 汤鹏杰, 王瀚漓. 从视频到语言: 视频标题生成与描述研究综述. 自动化学报, 2022, 48(2): 375-397.

[45] Ordonez V, Kulkarni G, Berg T L. Im2Text: Describing images using 1 million captioned photographs//Proceedings of the 24th International Conference on Neural Information Processing Systems, 2011: 1143-1151.

[46] Zhou L. Language-driven video understanding. Michigan: The University of Michigan, 2020.

[47] Venugopalan S, Xu H, Donahue J, et al. Translating videos to natural language using deep recurrent neural networks//Proceedings of the 2015 Conference of the North American Chapter of the Association for Computational Linguistics: Human Language Technologies, 2015: 1494-1504.

[48] Yao L, Torabi A, Cho K, et al. Describing videos by exploiting temporal structure//Proceedings of the IEEE International Conference on Computer Vision, 2015: 4507-4515.

[49] Venugopalan S, Rohrbach M, Donahue J, et al. Sequence to sequence-video to text//Proceedings of the IEEE International Conference on Computer Vision, 2015: 4534-4542.

[50] Yu H, Wang J, Huang Z, et al. Video paragraph captioning using hierarchical recurrent neural networks//Proceedings of the IEEE Conference on Computer Vision and Pattern Recognition, 2016: 4584-4593.

[51] Liu S, Ren Z, Yuan J. Sibnet: Sibling convolutional encoder for video captioning//Proceedings of the 26th ACM international conference on Multimedia, 2018: 1425-1430.

[52] Yuan J, Tian C, Zhang X, et al. Video captioning with semantic guiding//2018 IEEE 4th International Conference on Multimedia Big Data, 2018: 1-5.

[53] Hou J, Wu X, Zhao W, et al. Joint syntax representation learning and visual cue translation for video captioning//Proceedings of the IEEE/CVF International Conference on Computer Vision, 2019: 8918-8927.

[54] Wang X, Chen W, Wu J, et al. Video captioning via hierarchical reinforcement learning// Proceedings of the IEEE Conference on Computer Vision and Pattern Recognition, 2018: 4213-4222.

[55] Krishna R, Hata K, Ren F, et al. Dense-captioning events in videos//Proceedings of the IEEE International Conference on Computer Vision, 2017: 706-715.

[56] Johnson J, Karpathy A, Fei-Fei L. Densecap: Fully convolutional localization networks for dense captioning//Proceedings of the IEEE Conference on Computer Vision and Pattern Recognition, 2016: 4565-4574.

[57] Shen Z, Li J, Su Z, et al. Weakly supervised dense video captioning//Proceedings of the IEEE Conference on Computer Vision and Pattern Recognition, 2017: 1916-1924.

[58] Iashin V, Rahtu E. Multi-modal dense video captioning//Proceedings of the IEEE/CVF Conference on Computer Vision and Pattern Recognition Workshops, 2020: 958-959.

[59] Huang D, Chen P, Zeng R, et al. Location-aware graph convolutional networks for video question answering//Proceedings of the AAAI Conference on Artificial Intelligence, 2020, 34(7): 11021-11028.

[60] Sun G, Liang L, Li T, et al. Video question answering: A survey of models and datasets. Mobile Networks and Applications, 2021, 26(5): 1904-1937.

[61] Cho K, van Merrienboer B, Gülçehre Ç, et al. Learning Phrase Representations using RNN Encoder-Decoder for Statistical Machine Translation//EMNLP, 2014: 1-15.

[62] Kiros R, Zhu Y, Salakhutdinov R, et al. Skip-thought vectors//Proceedings of the 28th International Conference on Neural Information Processing Systems, 2015: 3294-3302.

[63] Jang Y, Song Y, Yu Y, et al. TGIF-QA: Toward spatio-temporal reasoning in visual question answering//Proceedings of the IEEE Conference on Computer Vision and Pattern Recognition, 2017: 2758-2766.

[64] Kim K M, Heo M O, Choi S H, et al. Deepstory: Video story QA by deep embedded memory networks. https://arXiv preprint arXiv: 1707. 00836[2017-6-9] .

[65] Ge Y, Xu Y, Han Y. Video question answering using a forget memory network//CCF Chinese Conference on Computer Vision, 2017: 404-415.

[66] 梁丽丽. 基于深度学习方法的视频问答研究. 哈尔滨: 哈尔滨理工大学, 2019.

[67] Mun J, Hongsuck S P, Jung I, et al. Marioqa: Answering questions by watching gameplay videos//Proceedings of the IEEE International Conference on Computer Vision, 2017: 2867-2875.

第 7 章　视频分析评估与评测

视频分析评估评测是通过一定的方式来定性或定量度量视频分析方法的效果。良好的评估评测标准是度量算法性能的基础，可以对视频分析理论方法、关键技术、实际应用的快速发展提供重要支撑[1,2]。本章从数据集、评测指标、评估方式等方面介绍与视频分析任务相关的评估评测及其发展方向。

7.1　常用数据集

数据集对于视频分析研究发展的重要性不言而喻。在发展初期，研究者主要对基础视觉理论展开研究。此阶段使用的实验数据通常由简单内容的图像组成，仅用于验证特定的视觉理论。随着研究从基础理论逐步关注到具体视觉任务，经过筛选和整理，具备一定规模的数据开始以公开数据集形式发布，数据集的规模也不断增大。在深度学习之前，典型目标分类与检测数据集的规模不过数万张。到了深度学习时代，一系列大规模图像识别数据集纷纷出现。以 ImageNet 为例，图片集规模突破千万，涉及的目标类别超过 20000 个。此外，随着研究的逐步深入，数据集进一步朝着精细化和多元化的方向发展，如同时带有分类、检测、分割，以及语义标注的 COCO 数据集就是其中的代表。在开放评测的基础上，部分数据集以竞赛的形式发布。竞赛评测通过统一度量参赛算法性能、以排行榜或论文的形式发布竞赛结果、依据竞赛结果对数据集进行更新、扩充竞赛任务范畴等方式推动领域的发展。代表性的竞赛包括大规模视觉识别挑战赛和 MOT 挑战赛等。一系列公开数据集的发布和相关竞赛的举办对视频分析研究的发展起到重要的推动作用。本章按照视频分析任务种类的不同，对相应的数据集进行介绍。

7.1.1　目标识别和分类

(1) 国家标准与技术研究所手写数字数据库(Modified National Institute of Standard and Technology database，MNIST)[3]

早期数据集聚焦于一些较为简单的特定任务，其中最经典的是 MNIST 手写数字识别数据集。MNIST 数据集在 20 世纪 90 年代被提出，包含 60000 张图像，10 类阿拉伯数字，每类数字提供 5000 张图像进行训练，1000 张进行测试。MNIST 的图像尺寸为 28×28。

(2) 加拿大先进技术研究院 10 类(Canada Institude for Advanced Research-10, CIFAR-10)数据集与 100 类(CIFAR-100)数据集[4,5]

CIFAR-10 数据集和 CIFAR-100 数据集分别包含 10 类和 100 类目标类别。这两个数据集都由尺寸为 32 × 32 的彩色图像组成。CIFAR-10 包含 60000 张图像,每类目标有 5000 张图像用于训练,1000 张用于测试。CIFAR-100 数据集与 CIFAR-10 的构建方式类似,区别在于 CIFAR-100 包含更多的类别,共计 20 大类,100 个小类,每个小类包含 600 张图像。CIFAR-10 数据集和 CIFAR-100 数据集图像尺寸较小,但是数据规模相对较大,比较适合复杂模型特别是深度学习模型的训练与评估,因此成为深度学习发展早期常用的目标识别评测数据集。

(3) 加利福尼亚理工学院 101 类图像(Caltech-101)数据集与 256 类图像(Caltech-256)数据集[6,7]

Caltech-101 数据集是第一个规模较大的一般目标识别标准数据集。除了背景类别外,共包含 101 类目标,9146 张图像。每类图像数量从 40~800 不等,图像尺寸也达到 300 × 300。Caltech-101 是以目标为中心构建的数据集,其中每张图像基本只包含一个目标实例,并且居于图像中间位置。Caltech-101 每类的图像数目差别较大,有些类别只有很少的训练图像,会约束可以使用的训练集大小。Caltech-256 与 Caltech-101 类似,区别是目标类别从 101 类增加到了 256 类,每类包含至少 80 张图像。图像类别的增加也使 Caltech-256 上的识别任务更加困难,使其在提出后成为检验算法性能与扩展性的新基准。

(4) 场景理解(scene understanding, SUN)数据集[8]

SUN 数据集旨在构建一个覆盖较大场景、位置、人物变化的数据集。该数据集中的场景类别依据 WordNet 构建。SUN 数据集包含两个评测集,一个是场景识别数据集,称为 SUN-397,共包含 397 类场景,每类至少包含 100 张图片,共有 108754 张图像;另一个是目标检测数据集,称为 SUN2012,包含 16873 张图像。

(5) ImageNet 数据集[9]

ImageNet 数据集是由李飞飞主持构建的大规模图像数据集,其图像类别按照 WordNet 构建。数据集包含 1400 万张图像,2.2 万个类别,平均每类包含 1000 张图像。这是目前视觉识别领域最大的有标注的自然图像数据集。虽然图像基本是以目标为中心构建的,但是海量的数据和图像类别使该数据集上的分类任务依然极具挑战性。依托上述数据,ImageNet 构建了一个包含 1000 类目标 120 万测试图像的子集,并以此作为大规模视觉识别挑战赛的数据平台。

(6) 其他数据集

在大规模通用目标识别和分类研究之外,研究者也陆续发布了面向特定具体任务的研究数据集。这些数据集包括用于目标细粒度识别的动物属性(animals with attributes, AWA)数据集[10]、鸟类识别(Caltech-UCSD birds, CUB)数据集[11],针对监控场景下行人检索和分析的行人属性(richly annotated pedestrian，RAP)数据集[12]、10 万张行人属性(pedestrian attribute with 100K images，PA-100K)[13]分析数据集，以及面向大规模人脸识别的名人属性(CelebFaces attributes，CelebA)[14]数据集、户外人脸标注(labeled faces in the wild home，LFW)[15]数据集等。这些数据集对视频分析精细化和多元化发展起到了重要推动作用。

7.1.2　目标检测和定位

(1) PASCAL VOC 数据集[16]

从 2005~2012 年，PASCAL VOC 每年发布关于分类、检测、分割等任务的数据集，并在相应数据集上举办算法竞赛。2005 年，PASCAL VOC 数据集只包含人、自行车、摩托车、汽车等 4 类，2006 年类别数目增加到 10 类，2007 年开始类别数目固定为 20 类，以后每年只增加部分样本。PASCAL VOC 数据集中的目标类别均为日常生活常见的目标，如交通工具、室内家具、人、动物等。PASCAL VOC 2007 数据集包含 9963 张图片，图片来源包括 Filker 等互联网站点，以及其他数据集。每类大概包含 96~2008 张图像，均为一般尺寸的自然图像。PASCAL VOC 数据集与 Caltech-101 相比，虽然类别数更少，但是图像中的目标变化极大，每张图像可能包含多个不同类别的目标实例，且目标尺度变化很大，因此分类与检测难度都进一步提升。该数据集的提出，对目标识别与检测的算法提出更高的挑战，同时催生了大批优秀的理论与算法，将目标检测研究推向一个新的高度。

(2) ILSVRC 挑战赛目标检测数据集

在目标识别任务之外，ILSVRC 挑战赛发布了包括目标定位和检测在内的一系列挑战任务。相比 PASCAL VOC 数据集，ILSVRC 检测数据集中的目标类别和每个类别包含的图像数量得到大幅度扩充。该数据集包括 200 个目标类别。在 ILSVRC 14 挑战赛中，共包含约 5.1 万张图像和 5.3 万个标注框。在图像目标检测任务之外，视频目标检测也受到研究者的关注。2017 年，ILSVRC 挑战赛发布 ImageNet VID 视频目标检测数据集。该数据集包括 30 类目标，这些类别是 ImageNet 图像目标检测任务中 200 个类别的子集。数据选择考虑目标运动模式、视频复杂程度、目标实例数量等因素。大多数视频的帧率是每秒 25 帧或者 30 帧。ImageNet VID 数据集对视频样本的每一帧都进行了精确的标注。

(3) MS COCO[17]

为了进一步推动视觉理解任务的发展，微软公司发布的一个可以同时支持图像识别、检测、分割的 MS COCO 数据集。MS COCO 数据集更关注日常场景中的常见目标，更贴近真实的生活环境。该数据集共有 91 类，328000 张图像。相比 PASCAL VOC 数据集和 ILSVRC 检测数据集，COCO 更加关注目标与场景共同出现的图像，即 non-iconic 图像。MS COCO 数据集中目标尺寸的变化幅度更大，包括相当一部分比例的小尺寸目标。场景中目标间的关系也更复杂，并且存在遮挡等问题。目前，MS COCO 已经成为目标检测算法评估的最重要的数据集之一。

(4) 开放图像目标检测挑战(open image challenge object detection，OICOD) 数据集[18]

OICOD 数据集是一个大规模图像目标检测数据集。相比 ILSVRC 数据集和 MS COCO 数据集，OICOD 数据集包括更多的目标类别、图像数量、检测框和实例分割掩模的标注，同时在数据的标注方式上也略有不同。在 ILSVRC 数据集和 MS COCO 数据集中，构建者对所有类别的目标实例采用穷举的方式进行标注。在 Open Images V4 中，构建者使用预先训练的分类器对每张图像进行打分，得分高于某个阈值的目标类别才会得到进一步的人工标注。除了目标检测这一基本任务，该数据集还可以用于目标间的关系检测研究。

7.1.3　目标分割

(1) 微软剑桥研究院(Microsoft Research in Cambrige，MSRC)数据集[19]

MSRC 数据集由微软发布，包括两个版本。MSRC V1 由 240 张图像组成，包括 9 种目标类别。MSRC V2 由 591 张图像组成，包括 23 种目标类别，图像分辨率为 320×213。该数据集属于早期目标分割研究的数据集，数据集的规模较小，图像的分辨率相对较低，且部分目标种类缺乏足够的样本支持训练。

(2) Pascal-Context 数据集[20]

Pascal-Context 数据集基于 2010 年 PASCAL VOC 挑战赛数据集构建，包括 10103 张图像。在 PASCAL VOC 原有的 20 类目标基础上，Pascal-Context 额外标注了 520 种目标。数据集目标种类达到 540 类。然而，大部分目标出现的概率很低。在评测过程中基本使用 59 类出现概率最高的目标评估算法的性能，其他的目标类别都重标注为背景。

(3) 剑桥大学驾驶标准视频数据集(Cambrige-driving labeled video database，CamVid)[21]

CamVid 是一个道路驾驶场景解析数据集。数据通过安装在汽车仪表板上的摄像头录制，分辨率为 960×720。数据集包含近 10min 高质量的 30Hz 视频片段，以每秒 1 帧的频率采样标注。视频数据包含住宅区、城市街道、混合道路等场景。三段视频在日光下拍摄，一段视频在昏暗条件下拍摄。数据集包括 32 类目标，一般采用其中的 11 类目标进行评估，包括建筑物、树木、天空、车辆、交通标志、道路、行人、篱笆、柱杆、人行道、骑自行车的人。

(4) 城市景观数据集(记为 Cityscapes)[22]

Cityscapes 是一个主要面向城市街道场景语义理解的大规模数据集。该数据集提供 8 种大类(人、车、建筑、物体等)和 30 种小类目标的像素级标注,可以支持语义分割、实例分割和全景分割任务的训练和评估。数据集包含 5000 张精细标注的图像和 20000 张粗糙标注的图像。数据在天气状况良好的白天进行采集,覆盖 50 个城市,时间跨度达到数月。

(5) ADE20k 数据集[23]

ADE20k 数据集是一个覆盖大范围场景、涵盖多种目标类别、对目标部件进行精细标注的场景解析数据集。该数据集共标注 150 类可数和不可数的目标,图像数量超过 20000 张。与 MS COCO 数据集相比,ADE20k 数据集包含更多样化的场景。每张图像中的目标种类也大大增加。其中,单幅图像目标实例数量最高达到 273 个,如果将目标部件也考虑在内,数量进一步上升到 419 个。这也体现了 ADE20k 数据集的标注复杂程度。

7.1.4　视频目标跟踪

1. 单摄像机单目标跟踪

(1) 单目标跟踪基准(object tracking benchmark, OTB)数据集[24,25]

OTB 数据集是 2013 年发布的,由 50 段完全标注的视频序列组成,超过 2.9 万帧。为评估算法在各种因素下的性能,该数据集标注了 11 种常见的视频属性,包括光照变化、尺度变化、遮挡、形变、运动模糊、快速运动、平面内旋转、平面外旋转、移出视野、背景干扰、低分辨率。2015 年,研究者将数据集进一步扩充到 100 段视频。作为单目标跟踪基准的开创性工作,OTB 数据集极大地促进了目标跟踪的研究。目前,其指标仍广泛地应用于跟踪算法的评估。

(2) VOT 挑战赛数据集[26]

VOT 挑战赛自 2013 年开始举办。VOT 2013 仅包含 16 个视频序列,影响力不及同时期的 OTB50。VOT 2014 将视频增至 25 个,并采用多边形区域标注方式重新标注样本,较 OTB 数据集的轴对齐标注更准确。VOT 2015、VOT 2016、VOT 2017 的视频数量进一步扩充到 60 个,并增加了热成像跟踪挑战。VOT 2018 进一步增加了长程目标跟踪任务的新挑战。

(3) TrackingNet 数据集[27]

自 2018 年起,学术界陆续发布了一系列针对视频目标跟踪的大规模数据集,其中 TrackingNet 是引领性的工作。TrackingNet 包含超过 30000 段视频,共计 1400 万个稠密标注框。数据集覆盖多种目标类别和多样化的场景信息。此外,TrackingNet 包含各种序列长度的视频,可用评价目标跟踪算法在短时和长时跨度上的性能。

(4) 通用单目标跟踪 (generic object tracking, GOT-10k)数据集[28]

GOT-10k 数据集包含 10000 段视频,提供 150 万帧的精细标注。数据集包含

87 种运动模式、563 类运动目标,目标类别数目较现有的跟踪数据集超出近 10 倍。更重要的是,GOT-10k 数据集首次提出训练与测试类别不重叠的评估准则,能有效评估跟踪方法在开集测试环境下,对不熟悉类别和运动形式的目标进行跟踪的泛化能力。GOT-10k 数据集中多样化的目标类别和运动模式如图 7.1 所示。

图 7.1　GOT-10k 数据集中多样化的目标类别和运动模式

(5) LaSOT 数据集[29]

以 GOT-10k 和 TrackingNet 为代表的大规模数据集,均面向短时跟踪进行设计(短时跟踪通常指在平均时长为 10~30s 的视频中对目标进行定位,一般假设目标始终出现在画面中)。LaSOT 数据集于 2019 年发布,包含 1400 段视频,视频帧数共计 387 万帧,平均时长为 2502 帧。2020 年,扩展到 1550 段视频,并参考 GOT-10k 引入训练-测试集不重合的开集测试规范。与 GOT-10k 和 TrackingNet 数据集相比,LaSOT 数据集的视频规模略小,但是每段视频时间跨度比较大。因此,该数据集可以适合对长时目标跟踪的算法进行评估。

2. 单摄像机多目标跟踪

MOT 方法通常利用预训练的检测器率先得到目标的检测结果,然后以检测结果为基础对目标进行轨迹匹配。MOT 竞赛[30]是 MOT 领域具有影响力的赛事之一。为避免不同的检测算法对最终性能的影响,MOT 竞赛除了为训练集数据提供真值,也为测试集数据提供目标检测结果。第一届 MOT 竞赛于 2015 年举办,竞赛包含 22 段不同分辨率的视频，其中 11 段用于训练、11 段用于测试。数据集包含 1221 个不同的实例和 101345 个矩形框，总计 11283 帧。与第一届比赛相比，MOT 16 包含 14 段更具挑战性的全新视频序列，涉及 1342 个不同的实例和 292733 个矩形框，总计 11235 帧。MOT 17 沿用 MOT 16 的竞赛数据，并提供多种检测器供参赛者使用。此后，MOT 竞赛任务不断扩充，成为一个包含行人跟踪、3D 斑马鱼跟踪、显微镜下细胞跟踪、稠密场景下行人头部运动轨迹跟踪等子竞赛的综合性大型挑战赛。

3. 多摄像机目标跟踪

(1) 杜克大学多相机多目标追踪(Duke multi-target，multi-camera tracking，DukeMTMC)数据集[31]

DukeMTMC 数据集是在杜克大学校园内采集的多摄像机行人跟踪数据集。数据由 8 个摄像机同步记录，数据集包含七千多个单摄像机轨迹，超过 2700 个行人。与早期的数据集相比，DukeMTMC 数据集规模更大，并且摄像机的网络之间存在重叠。该数据集主要用于室外场景的跟踪研究。DukeMTMC-reID 是 DukeMTMC 数据集的行人重识别子集，与跟踪数据集相比，DukeMTMC-reID 得到更多研究者的关注。

(2) 模式识别国家重点实验室多相机追踪(National Laboratory of Pattern Recognition multi camera tracking，NLPR_MCT)数据集[32]

NLPR_MCT 数据集包含四组多摄像机行人跟踪子数据集。每组子数据集包含 3~5 个无重叠区域的摄像机，涵盖模拟数据和真实监控数据。其中，模拟数据可以更好地反映多摄像机目标跟踪中的特定问题，如单人多摄像机长时间跟踪；真实数据能更好地反映算法在实际应用中的能力。此外，子数据集中行人总数从 14~255 不等，旨在通过画面中行人数目的差异性对真实监控场景的难点进行模拟。该数据集同时包含室内场景和室外场景，可以为实现复杂场景下鲁棒的多摄像机 MOT 提供研究平台。

4. 行为识别

(1) 瑞典皇家理工学院(Kungliga tekniska högskolan，KTH)和魏茨曼(Weizmann)数据集[33, 34]

KTH 数据集于 2004 年发布，由 25 位人员在 4 个不同场景下完成 6 类动作，共计 2391 个视频样本。Weizmann 数据集由以色列魏茨曼研究所发布，包含 10 个动作，每个动作有 9 个不同的样本。这些数据集的视频样本包含简单的尺度、衣着、光照变化，但是视角固定、背景单一、动作的表演痕迹非常明显。

(2) HMDB51 数据集[35]

HMDB51 数据集由布朗大学于 2011 年发布，其数据主要源于电影、公共数据集，以及 YouTube。该数据集包含 6849 个片段，涉及 51 个动作类别，每个类别至少包含 101 个片段，视频分辨率为 320×240。该数据集的行为主要包括面部动作和肢体动作等。

(3) 中佛罗里达大学 101 类行为(University of Central Florida 101 actions，UCF101)数据集[36]

UCF101 数据集由中佛罗里达大学于 2012 年发布。该数据集属于 UCF50 数据集的扩展。数据集包含 13320 段视频，涉及 101 种行为动作，视频分辨率为 320×240。UCF101 考虑样本的多样性，即考虑摄像机运动、外观姿态变化、视角变化、光照条件等因素。UCF101 数据集对于行为识别研究的发展起到了重要的推动作用。目前，UCF101 数据集上算法的识别准确率已经达到 98%左右。与早期的数据集相比，这一阶段数据集的规模和样本的复杂性明显提升。

(4) 体育行为(Sports1M)数据集[37]

Sports1M 数据集是 Google 在 2014 年提出的一个大规模的动作视频数据集。该数据集由 YouTube 上超过 100 万段的视频组成，涉及 487 类与体育相关的行为动作。Sports1M 行为类别有细粒度的特点，不同行为间的类别差异较低。

(5) YouTube8M 数据集[38]

YouTube8M 于 2016 年推出，是目前规模最大的视频数据集。该数据集包含 800 万段视频，时长约为 50 万 h，共标注约 4800 类动作。平均每段视频有 1.8 个标签，这些标签来自 YouTube 数据的应用编程接口。值得注意的是，由于该数据集规模过于庞大，实验的成本过高，限制了其在学术界的推广。

(6) ActivityNet 数据集[39]

ActivityNet 数据集于 2015 年提出，研究主要面向人类日常生活中的行为。自推出以来，ActivityNet 经历多次版本的更新。最新的 ActivityNet 200 中包含 200 种动作类别，约 2 万段视频样本。平均每类有 137 段未修剪的视频，每段视频平均有 1.41 个活动实例。ActivityNet 可以用于未修剪视频分类、修剪视频行为分类、行为检测等任务的评估。

(7) Kinetics 系列数据集[40-42]

Kinetics 系列数据集由 DeepMind 发布，是目前广泛使用的基准数据集之一。Kinetics 400 于 2017 年推出，包含 400 种行为类别，每种行为类别至少包含 400 段视频样本。视频片段的时长约为 10s。Kinetics 系列数据集以人为焦点，包括人-物交互(如演奏乐器)、人-人交互(如握手)等多样行为。随着研究的进展，Kinetics 系列数据集规模持续扩大。Kinetics-600 数据集将行为类别扩充至 600 类，每类行为至少包括 600 段视频样本。Kinetics700 将行为类别扩充至 700 段，每类行为不少于 700 段视频样本。

(8) 原子视觉动作(atomic visual actions，AVA)数据集[43]

AVA 数据集于 2017 年发布，是首次提出时空行为定位任务的行为分析数据集。该数据集包含 430 个 15min 的视频片段，标注了 80 种原子动作类别。为实现行为在时间和空间上的定位，该数据集采用稠密标注的方式，共标注 158 万个行为标签。2020 年，AVA 数据集在 Kinetics700 的基础上扩展为 AVA-Kinetics 行为定位数据集，规模扩展到 23 万段视频。

5. 异常行为分析

比较有代表性的异常行为分析数据集主要包括，加州大学圣地亚哥分校异常检测数据集(University of California San Diego anomaly detection dataset，UCSD)[44]、异常事件检测(abnormal event detection，Avenue)数据集[45]、地铁出入口检测数据集[46]、上海科技大学校园数据集[47]等。UCSD 为固定摄像机拍摄的校园人行道监控场景。其中，正常行为仅包含行人行走，异常行为主要包括禁止路段出现的自行车和车辆等。Avenue 也是校园监控数据组成的异常行为分析数据集。与 UCSD 固定视角不同，Avenue 数据集存在轻微的摄像机抖动。该数据集的异常行为主要包括抛掷物体、闲荡、奔跑等。相对而言，上海科技大学校园数据集规模较大，场景丰富，异常行为的种类也较多。该数据集涉及 13 种场景，130 种异常行为，包括滑板、追逐、打架、骑单车等。

6. 群体行为分析

群体行为分析数据集可以归纳为两个方向，即群体统计和群体行为理解。群体统计侧重于对群体的整体状态进行描述，包括群体密度估计、群体计数、群体分割任务等。常见的数据集包括跟踪监视性能评估数据集(记为 PETS2009)[48]、中央车站数据集(记为 grand central)[49]、加州大学圣地亚哥分校步行数据集(记为 UCSD pedestrian)[50]、商店数据集(记为 MALL)[51]和上海世博会群体数据集(记为 WorldExpo'10)[52]等。群体行为理解侧重于对群体的运动行为和模式进行分析，包括群体轨迹分析、群体行为描述等任务。常见的数据集包括上海世博会群体数据集[53]、集体行为数据集[54](记为 collective motion)和中国科学院自动化研究所人群数据集(记为 CASIA-Crowd)[55]和谁在某处做什么(who do what at somewhere，WWW)[56]数据集等。

7. 视频描述和问答

视频描述和问答数据集有较高的相关性。微软视频描述(Microsoft video

description，MSVD)数据集[57]属于早期的视频描述数据集。该数据集包含 1970 个短视频，每个视频片段大概在 10～25s，通常只包含单个活动。微软视频描述问答(Microsoft video description question answering，MSVD-QA)数据集[58]是在 MSVD 基础上建立的视频问答数据集。MSVD-QA 数据集包含约 5 万个问答对。问题类型涉及 What、Who、How、When、Where。此外，YouTube 视频问答(YouTube2Text-QA)数据集[59]同样使用来自 MSVD 的数据。微软研究院视频到文本(Microsoft research video to text，MSR-VTT)数据集[60]规模更大，包含 10000 个视频片段，总长度达 41.2h。除视频信息，每个视频片段都有对应的音频信息，为视频、语音、文本三种模态识别分析的研究提供数据支撑。在 MSR-VTT 的基础上，微软研究院视频到文本问答(Microsoft research video to text and question answering，MSRVTT-QA)数据集也相应发布。电影问题回答(movie question anwsering，MovieQA)[61]数据集是一个依托电影片段构建的视频问答数据集。任务目标是，根据视频和电影脚本理解故事情节，从多个选项中选出正确的答案。ActivityNet 稠密描述数据集(记为 ActivityNet Captions)[62]首次提出对稠密视频描述问题进行研究，并依托 ActivityNet 构建数据集。YouCook2 数据集[63]也是稠密视频描述任务的常用数据集，包含来自 89 个烹饪食谱的 2000 段 YouTube 视频。

7.2 评 价 指 标

7.2.1 目标分类

目标分类常用的评价指标是精度(precision)、召回率(recall)、准确率(accuracy)和 F1 值(F1-score)。在分类任务中，针对某类样本，模型的分类结果存在如下四种可能。

① 真阳性样本(true positive，TP)，预测为正样本。
② 假阳性样本(false positive，FP)，预测为正样本。
③ 假阴性样本(false negative，FN)，预测为负样本。
④ 真阴性样本(true negative，TN)，预测为负样本。

精度是正确预测的正样本数量和模型预测为正样本的样本数量的比值，即

$$precision = TP / (TP + FP) \tag{7.1}$$

召回率是正确预测的正样本数量和真值中所有正样本数量的比值，即

$$recall = TP / (TP + FN) \tag{7.2}$$

准确率是所有正确预测的样本和所有样本的比值，即

$$accuracy = (TP + TN) / (TP + TN + FP + FN) \tag{7.3}$$

F1 值为查准率和召回率的调和均值，即

$$F1 = (2 \times \text{precison} \times \text{recall}) / (\text{precision} + \text{recall}) \tag{7.4}$$

在目标分类任务中，目标图像可能存在多类标签且部分标签标注缺失。在这种情况下，可以考虑前 n(Top-n)准确率(错误率)，即如果算法预测的前 n 个概率最大的类别含有真值中的类别，则认为该样本分类正确。ImageNet 图像分类任务经常将 Top-1 和 Top-5 作为评估准则。

7.2.2   目标检测和定位

1. 精度评价指标

目标检测常用的评价指标是平均精度(average precision，AP)，由 precision 和 recall 共同计算得到。AP 针对每类目标的检测结果单独计算。当评价检测算法在多类目标上的性能时，先计算每类目标的 AP，然后在所有的目标类别上求平均，得到平均精度均值(mean average precision，mAP)。

在目标检测中，TP 需要满足两个条件。

① 预测检测框和真值检测框的 IoU 大于某个阈值(通常设为 0.5)。假设 B_p 为预测的检测框，B_{gt} 为真值检测框，IoU 的计算方式为

$$\text{IoU} = \frac{\text{area}(B_p \bigcap B_{gt})}{\text{area}(B_p \bigcup B_{gt})} \tag{7.5}$$

② 预测检测框的目标类别与真值保持一致。

当预测检测框不同时满足上述两项条件时，则判定为假阳性样本。检测某特定类别的目标时，根据不同的检测置信度阈值过滤检测结果，会得到不同的 precision 和 recall。这意味着，当检测阈值设定较高时，保留的预测检测框会较少，precision 会较高，而 recall 会较低，反之亦然。通过改变检测置信度阈值，可以得到 precision-recall 曲线。AP 对应的是 precision-recall 曲线下的面积。AP 的计算一般采用差值法，与不同时期的差值方式略有不同。PASCAL VOC 2007 挑战赛采用 11 点插值法[64]，在 recall 值为 0、0.1、1 时对 precision 进行采样并求平均，AP 的表达式为

$$\text{AP} = \frac{1}{11} \sum_{r \in \{0,0.1,1\}} P_{\text{interp}}(r) \tag{7.6}$$

其中

$$P_{\text{interp}}(r) = \max_{\tilde{r}:\tilde{r} \geq r} p(\tilde{r}) \tag{7.7}$$

考虑 precision-recall 曲线的平滑，precision 按照召回率大于 r 的最大精度 $p(\tilde{r})$

取值。为了实现对 AP 值更精确的逼近，PASCAL VOC 2010 之后对构成 precision-recall 曲线上的所有点计算 AP 值，表达式为

$$AP = \sum_n (r_{n+1} - r_n) P_{interp}(r_{n+1}) \tag{7.8}$$

$$P_{interp}(r_{n+1}) = \max_{\tilde{r}:\tilde{r} \geqslant r_{n+1}} p(\tilde{r}) \tag{7.9}$$

当得到每类目标的 AP 值后，所有目标类别的 mAP 可以通过如下方式计算，即

$$mAP = \frac{1}{N} \sum_{i=1}^{N} AP_i \tag{7.10}$$

其中，N 为类别数量。

在 MS COCO 挑战赛中，mAP 计算方式得到进一步细化。MS COCO 考虑不同 IoU 阈值对检测算法性能的影响，以 0.05 为间隔，从 0.5～0.95 计算 10 个不同 IoU 阈值下的 mAP 值，并以求平均的方式得到最终的评价指标 $mAP_{0.5:0.05:0.95}$。这种评价方式对目标检测算法定位的精确程度提出更高的要求。此外，MS COCO 考虑物体尺寸(small、medium、large)对检测算法性能的影响，以及平均召回率(average recall，AR)等指标。可以看出，随着研究的进展，目标检测精度的评价标准越来越严格。

2. 速度评价指标

考虑算法在真实场景中的应用，检测速度也成为算法评估的重要组成部分。在速度评价指标中，常用的是每秒处理帧数(frame per second，FPS)和浮点运算量(floating-point operations，FLOPs)。值得注意的是，检测算法的 FPS 受软件硬件的影响较大，算法间的公平性较难得到保证。FLOPs 统计检测算法处理一张图像所需的浮点运算数量。该指标与软件硬件无关，可以相对公平的对算法效率进行评估。

7.2.3 目标分割

1. 语义分割

目标分割同样考虑目标定位和分类的准确性。在语义分割中，常用的评价指标包括像素精确度(pixel accuracy，PA)、平均像素精确度(mean pixel accuracy，mPA)、平均交并比 (mean intersection over union，mIoU)。PA 计算的是正确分类的像素点数和所有的像素点数的比例，即

$$PA = \frac{\sum_{i=0}^{K} P_{ii}}{\sum_{i=0}^{K}\sum_{j=0}^{K} P_{ij}} \tag{7.11}$$

其中，K 为所有的前景类别；P_{ii} 为正确分类的像素数量；P_{ij} 为将类别 i 的像素预测为类别 j 的数量。

mPA 可以看成 PA 的扩展，即针对每一类目标计算分类正确的像素点数与该类所有像素点数的比例，然后在所有类别上求平均，即

$$mPA = \frac{1}{K+1}\sum_{i=0}^{K} \frac{p_{ii}}{\sum_{j=0}^{K} p_{ij}} \tag{7.12}$$

mIoU 的计算方式与目标检测类似，即计算每一类目标预测值和真值的 IoU，然后求平均，即

$$mIoU = \frac{1}{K+1}\sum_{i=0}^{K} \frac{p_{ii}}{\sum_{j=0}^{K} p_{ij} + \sum_{j=0}^{K} p_{ji} - p_{ii}} \tag{7.13}$$

2. 实例分割和全景分割

实例分割沿用目标检测任务中的 mAP 作为性能指标。与目标检测不同，实例分割将矩形框的 IoU 计算改为对实例掩模 IoU 的计算。值得注意的是，mAP 指标只关注前景目标的分割效果。为了同时对目标和背景的分割结果进行评价，文献[65]提出面向全景分割任务的全景指标(panoptic quality，PQ)，即

$$PQ = \frac{\sum_{p,g\in TP} IoU(p,g)}{|TP| + \frac{1}{2}|FP| + \frac{1}{2}|FN|} \tag{7.14}$$

其中，p 为预测值；g 为真值；PQ 又可以细分为分割质量(segmentation quality，SQ)和识别质量(recognition quality，RQ)，分别对结果的分割性能和识别性能进行评价，即

$$PQ = \underbrace{\frac{\sum_{p,g\in TP} IoU(p,g)}{|TP|}}_{SQ} \times \underbrace{\frac{|TP|}{|TP| + \frac{1}{2}|FP| + \frac{1}{2}|FN|}}_{RQ} \tag{7.15}$$

7.2.4　视频目标跟踪

1. 单摄像机单目标跟踪

单目标跟踪算法评估通常基于准确性和鲁棒性。准确性用于评估跟踪方法对运动目标定位的精度，而鲁棒性则用于评估跟踪方法在干扰下的稳定性。

准确性常用的评估指标包括中心误差和重叠率。中心误差指跟踪过程中跟踪预测和真值中心点之间的平均欧氏距离。当跟踪失败时，跟踪预测和真值的差距可能会非常大，影响跟踪准确性的评估。因此，研究者根据不同中心误差阈值下成功跟踪的帧数比例绘制查准率曲线。重叠率计算跟踪预测框和真值框之间的IoU，并根据不同阈值下成功跟踪的帧数比例绘制成功率曲线，随后计算曲线下面积(area under curve，AUC)得到最终的成功率得分。中心误差的计算未考虑目标尺度的影响，文献[66]进一步提出尺寸归一化的中心误差评价准则。

鲁棒性常用的评估指标包括时间鲁棒性评估指标(temporal robustness evaluation，TRE)和空间鲁棒性评估指标(spatial robustness evaluation，SRE)。时间鲁棒性考虑跟踪算法对初始化的敏感性，通过改变跟踪起始帧的方式让算法跟踪视频序列的若干片段，并计算所有片段的统计结果。空间鲁棒性考虑算法对目标位置和尺寸的鲁棒性，通过对初始标注框添加平移和尺寸变化的细微扰动，统计不同扰动下的跟踪结果。

2. 单摄像机多目标跟踪

Bernardin 等[67]提出 MOT 评估准则需要满足如下几点。
① 准确统计出现目标的数量。
② 精确评估每一目标的位置。
③ 保持跟踪轨迹时间一致性。

由此提出单摄像机 MOT 的两项评价准则，即多目标跟踪查准率(multiple object tracking precision，MOTP)和多目标跟踪准确率(multiple object tracking accuracy，MOTA)。

MOTP 是预测目标与对应真实值在所有跟踪帧中的平均度量距离，即

$$MOTP = \frac{\sum_{i,t} d_t^i}{\sum_t c_t} \tag{7.16}$$

其中，c_t 为 t 时刻能够匹配的预测框-真值对的数量；d_t^i 为匹配对中目标 i 与其对应真值的度量距离，如预测框和真值间的 IoU。

MOTA 反映算法在跟踪过程中漏检数、错检数和错误匹配数的比例，即

$$MOTA = 1 - \frac{\Sigma_t \, (m_t + \mathrm{fp}_t + \mathrm{mme}_t)}{\Sigma_t g_t} \tag{7.17}$$

其中，g_t 为 t 时刻真值目标总数；m_t、fp_t、mme_t 为 t 时刻的漏检目标数、错检目标数、错误匹配数。

可以看出，MOTA 和 MOTP 准则包括对检测阶段的漏检和误检的评估。因此，检测器的性能会显著影响跟踪算法的最终得分。

考虑 MOT 在真实场景中的应用需要，能否保证跟踪目标身份(identity, ID)的一致性也成为评估算法性能的重要指标。文献[31]提出 ID precision、ID recall 和 IDF1 等基于身份的评估指标，计算预测 ID 轨迹和真实 ID 轨迹的匹配程度。

ID precision 是计算跟踪目标 ID 识别的查准率，即

$$IDP = \frac{IDTP}{IDTP + IDFP} \tag{7.18}$$

其中，IDTP 和 IDFP 为真阳性和假阳性的 ID 预测。

ID recall 是计算跟踪目标 ID 的召回率，即

$$IDR = \frac{IDTP}{IDTP + IDFN} \tag{7.19}$$

其中，IDFN 为假阴性的 ID 预测。

相应的，IDF1 是 IDP 和 IDR 的调和均值，即

$$IDF1 = \frac{2IDTP}{2IDTP + IDFN + IDFN} \tag{7.20}$$

在上述指标中，IDF1 指标在 MOT 评估中的重要程度相对较高。

3. 多摄像机目标跟踪

多摄像机目标跟踪的评估包括单摄像机内跟踪效果的评价和跨摄像机间跟踪效果的评价。对于单摄像机情况，应着重评价算法对目标运动轨迹的复原程度。对于跨摄像机情况，应主要评价算法是否可以有效定位目标在何时出现在哪些摄像机。

早期的评价准则可以看成 MOTA 的扩展，即简单地将单摄像机 MOT 中的身份切换和跨摄像机 MOT 中的身份切换进行合并，忽略单摄像机目标跟踪和跨摄像机目标跟踪中匹配次数的差异。在大多数场景下，单摄像机下跟踪匹配次数远大于跨摄像机下的匹配次数。这会导致最终的评价准则受到单摄像机跟踪效果的影响远大于跨摄像机跟踪效果的影响。由于多摄像机跟踪尚未受到广泛认可，考虑以上两方面的评价准则，文献[68]提出一种多摄像机 MOT 评价标准。该准则对单摄像机内和跨摄像机间的跟踪区别对待，并对身份切换进行归一化处理，可以

保证各自在整体评价准则中的权重影响，即

$$MCTA = Detection \times Tracking^{SCT} \times Tracking^{ICT}$$

$$= \frac{2 \times Precision \times Recall}{Precision + Recall}$$

$$\times \left(1 - \frac{\sum\limits_{t} mme_t^s}{\sum\limits_{t} tp_t^s}\right)\left(1 - \frac{\sum\limits_{t} mme_t^c}{\sum\limits_{t} tp_t^c}\right) \tag{7.21}$$

其中，$Detection$、$Tracking^{SCT}$ 和 $Tracking^{ICT}$ 度量算法的检测能力、单摄像机内和跨摄像间的目标跟踪能力；检测部分采用更合理的 F1 值统计漏检和错检，即

$$Detection = \frac{2 \times Precision \times Recall}{Precision + Recall}$$

$$Precision = 1 - \frac{\sum\limits_{t} fp_t}{\sum\limits_{t} r_t} \tag{7.22}$$

$$Recall = 1 - \frac{\sum\limits_{t} m_t}{\sum\limits_{t} g_t}$$

其中，fp_t、r_t、m_t 和 g_t 为第 t 帧时的错检数量、检测总数、漏检数量和标注总数；mme_t^s、mme_t^c 为单摄像机内、跨摄像机间的错误跟踪总数；tp_t^s、tp_t^c 为单摄像机内、跨摄像机间的匹配次数。

7.2.5　视频语义理解

1. 人体行为识别

一般意义上的人体行为识别可以看成视频分类任务。针对一段测试视频，通常以数据增广或采样的方式得到若干个测试样本片段，随后预测所有样本片段的结果，进而以求平均的方式得到最终的识别结果。针对单标签行为识别，通常采用的评价指标为 Top1 和 Top5 准确率；针对多标签的行为识别，通常采用的指标是 mAP[69]。

为评估算法对行为的定位能力，时序(时空)行为定位也受到研究者的关注[43]。时序(时空)行为定位的评估方式与目标检测算法类似，即首先根据 IoU 判断预测结果是否为真阳性样本，然后根据统计结果计算 AP 值。在时序行为定位任务中，通常在时间维度上计算预测值和真值的交并比(temporal IoU，tIoU)。在时空行为定位任务中，通常以逐帧或时空管道的方式计算 IoU。

2. 异常行为检测

异常行为检测评价指标包括帧级评价指标和像素级评价指标[44]。帧级评价指标考虑视频中的每一帧是否包含异常行为。像素级指标对包含异常行为的像素进行判断。在异常行为检测中，异常的行为通常被认为是阳性样本。帧级指标和像素级指标都基于真阳性率(记为 TPR)和假阳性率(记为 FPR)计算，即

$$TPR = \frac{TP}{TP + FN} \tag{7.23}$$

$$FPR = \frac{FP}{FP + TN} \tag{7.24}$$

其中，TP 是正确判断为异常的比率；FP 是误判为异常的比率；TN 是正确判断为正常的比率；FN 是误判为正常的比率。

通过改变异常判定的阈值，可得到接受者操作特征曲线(receiver operating characteristic curve，ROC)和 AUC 曲线。

3. 视频描述评价指标

① 双语评估指标(bilingual evaluation under study，BLEU)[70]。BLEU 根据查准率进行计算，包括 BLEU-1、BLEU-2、BLEU-3、BLEU-4。其主要思想是，统计人工标注语句与生成语句之间 n 个连续字符的严格匹配情况。匹配片段与其在文字中的位置无关，因此 BLEU 无法判断生成语法的准确性。

② 召回率导向评估(recall-oriented understudy for gisting evaluation，ROUGE)[71]。ROUGE 主要包括 ROUGE-L 和 ROUGE-N 等。ROUGE-L 计算人工标注语句和生成语句的最长公共子序列长度。ROUGE-N 计算方式与 BLEU 类似，区别在于 ROUGE-N 根据召回率进行统计。

③ 具有显式排序的翻译评估指标(metric for evaluation of translation with explicit ordering，METEOR)[72]。METEOR 计算生成语句与人工标注语句之间的调和均值。METEOR 主要对 BLEU 指标进行改进，使用 WordNet 计算特定匹配序列的相似度，使该指标与人工判定结果有更强的相似性。

④ 基于共识的图像描述评估(consensus based image description evaluation，CIDER)[73]。CIDER 将每个句子都看作文档，通过计算 n 元组间 TF-IDF 向量余弦夹角相似度的方式得到生成语句与人工标注语句的相似度。

⑤ 语义命题图像描述评价(semantic propositional image caption evaluation，SPICE)[74]。SPICE 使用基于图的语义表达编码生成描述的物体、属性、关系，并计算物体、属性、关系的调和均值。

4. 视频问答评价指标

视频问答常用的评价指标包括准确率和 Wu-Palmer 相似度(Wu-Palmer similarity，WUPS)[75,76]。准确率计算方式与分类任务的计算方式相似，而 WUPS 根据单词在分类树中包含的最长公共子序列计算预测答案和真实答案的相似度。

7.3　视觉图灵评估评测

7.3.1　简介

1950 年，图灵[77]提出著名的"图灵测试"概念。图灵设计了一个模拟游戏，并提出一个问题："如果游戏中用一台机器代替人类会出现什么情况？"这也引申出另一个重要问题，即机器是否能思考？图灵认为，如果询问者无法判断另一个屋子里是人，还是机器，那么屋子里的机器就被认为是有智能的。

值得一提的是，虽然图灵测试自诞生以来就引发了广泛而持久的争论[78]，但是图灵测试对于人工智能的重要意义不言而喻。它给出一种具体可操作的方式来度量智能，即根据对一系列特定问题的反应来决定某一客体是否是智能体。这为判断智能提供了一个客观标准，从而避免有关智能本质的无谓争论。例如，1990 年开始举办的罗布纳奖竞赛(Loebner Prize Competition)[79]采用标准的图灵测试对机器的能力进行评估。基于图灵测试的人机对抗智能技术一直是国内外人工智能研究的热点[80]。尤其近年来，以 AlphaGo[81]、冷扑大师[82]等为代表的智能算法在边界确定、规则固定的决策智能问题中已经战胜了人类顶级专业选手，成为图灵测试在智能体评估中的标志性成果。文献[83]从评估评测出发，将计算机视觉的发展划分为简单评测、开放评测、竞赛评测和图灵评测等 4 个阶段。前三个阶段的评测数据集和指标在上节已经介绍，在开放评测和竞赛评测阶段，研究者往往关注算法在特定数据集上的性能比较。与开放测评和竞赛测评不同，图灵测评以人类的能力为基准，对智能体算法的有效性进行评估，更侧重算法和人类能力之间的比较。随着研究的深入，图灵测试对视觉算法的重要性逐渐受到学者的关注和认可。

7.3.2　视觉图灵评估评测

受相关研究的启发，研究者将图灵测试引入计算机视觉任务的评估中，并取得一定的进展。其中，最著名是 2002 年由卡内基·梅隆大学提出的 CAPTCHA (completely automated public turing test to tell computers and humans apart)[84]，也就是俗称的验证码。CAPTCHA 测试通常以文本或图像为载体，使服务器自动产生一个问题，根据相应回答对人类用户和计算机程序进行区分。需要指出的是，CAPTCHA 的目的是使人类通过测试而机器无法通过，因此这一技术也称为反向图灵测试。CAPTCHA 对学术研究和相关技术的发展起到了重要的推动作用。目前，CAPTCHA 已经成为一种标准的网络安全技术，广泛应用于互联网行业。以 CAPTCHA 为基础，卡内基梅隆大学进一步提出 reCAPTCHA[85]来辅助典籍的数字化。

　　2015 年，布朗大学学者提出一种针对计算机视觉的图灵测试(visual Turing test，VTT)方法[86]，目的是评估计算机能否像人类一样实现对自然图像的有效理解。在该测试方法中，系统会根据图像的标注内容，按照故事情节生成一系列没有歧义的二值问题，而机器和人类可以按照同样的方式进行回答。基于视觉内容理解的图灵测试也受到研究者的持续关注。文献[87]提出一种针对场景和事件理解的视觉图灵测试。该测试同样采用是非判断的方式，但是测试涉及的场景更复杂，更侧重计算机对时间、空间、因果关系的理解能力。除了包含更加复杂的测试场景，有研究者设计了更加复杂的图灵测试问题[78,88]，视觉问答的涵盖范围和回答难度进一步提升，需要围绕计数、物体类别、实例信息等内容进行回答。这些研究对于视觉描述和视觉问答任务的发展起到了积极的意义。

　　在经典的视觉识别、检测任务之外，越来越多的研究开始关注生成式视觉任务，如图像风格迁移、图像生成、图像渲染等。这类生成任务通常无法采用经典的机器学习指标进行评估，视觉图灵测试成为评估这类任务效果的一种可行方式。2013 年，华盛顿大学和 Google 公司的研究者将视觉图灵测试引入场景重建任务的评估中[89]。在测试中，研究者分别提供一张真实图像和算法渲染后的图像，并要求受试者判断哪一张图像看起来更真实。实验结果表明，部分较低分辨率的渲染图像可以通过图灵测试，而高分辨率的图像大概率无法通过测试。文献[90]也采用图灵测试的方式对机器的概念学习能力进行评估。以手写体字符为研究对象，图灵测试同时给出手写体字符和机器生成字符，让受试者判断哪一个字符由机器产生。测试结果表明，在手写体字符生成这一任务上，机器行为与人类已经很难区分了。文献[91]同样采用标准图灵测试对图像染色算法的性能进行评估。测试中 32%的算法生成图像成功欺骗了"参与者"。此外，在艺术图像生成效果评估中，文献[92]在真假判断的基础上还添加了可靠性判断和美感判断的测试内容。可以看出，视觉图灵测试已经成为生成式视觉任务的重要评估方式。

　　随着深度学习研究的深入，诸多视觉算法在相关数据集上已经达到较高的性能。然而，当前依赖大算力、大数据的算法在真实应用中的表现并不如人意。以人机对抗为评测方式的图灵测试为视觉分析的发展提出新的思路。现阶段的视觉图灵工作虽然尝试将人类引入评测流程，但评测形式单一、评测内容宽泛，未有效度量机器在具体视觉任务上的智能程度。因此，基于人机对抗的视觉图灵评估评测有如下发展方向。

1. 对象由物到人

如上所述，当前计算机视觉关注数据集的大小、计算资源的多少，称为"物"。这与计算机视觉是以人类视觉为目标（"人"）的初衷并不符合。海量标注数据不但需要大量数据搜集和繁重的标注工作，而且大规模训练对计算资源也提出非常高的要求。算法性能的提升越来越倚仗算力的堆叠，而不是视觉模型和方法的改进。这种研究模式越来越关注数据和算力等"物"的层面，忽略了视觉研究的目的，即具备自然（人类）视觉的能力，不利于计算机视觉的发展。

机器的大规模学习过程、识别机制与人类存在明显的区别。从学习过程来讲，ImageNet 数据集包含约 20000 类物体，而主流实验设定仅使用 1000 类有大量标注样本的图像进行模型的训练和评估。相关研究表明[93]，人可识别的目标种类大约为 30000 类。更重要的是，人类可以在仅获得少量样本的前提下迅速理解新的概念并将其泛化。从识别机制来讲，因为大规模数据集的有偏性，深度学习模型存在所谓的"shortcut learning"现象，即捷径学习的方式[94]。在图像描述任务中，模型可以将典型的草地景观预测为放牧的羊群，草地这种背景信息替代了真正的目标，成为图像描述任务的"捷径"。

尽管现有深度学习模型在统计意义的指标上有优异的表现，但是从人的角度出发，算法仍然存在明显的弱点。He 等[95]指出，深度学习模型即使是在识别最常见的目标类别时，仍会出现很明显的错误，而人类几乎不太可能出现这类问题。此外，Goodfellow 等[96]发现，当给某些图像添加某种程度的噪声时，机器会改变原本给出的高置信度的正确预测结果并做出错误的类别判断，深度学习模型可以轻易地被对抗样本"愚弄"。另外，相关认知实验[97]表明，人类可以有效辨认对抗样本，进行有效预测。这也从一个方面印证了人类的视觉能力要远远超过以大数据大算力为基础的深度学习机器模型。

因此，在视觉研究中，有必要改变目前基于大数据、大算力的评估标准，将"人"的因素加入回路中，根据人类的能力对机器的能力进行更加有效的评估[98]。视觉图灵测试本质上是以类人视觉为标准的一种评估体系，可以在一定程度上打破机器和人类认知的鸿沟。相信随着对视觉图灵研究的深入，可以使计算机更好地借鉴、模仿人类的视觉和学习过程，从而朝着具备真正意义的人工智能迈出更踏实的一步。

2. 任务由粗到细

通过和人对抗来评估智能体能力的图灵测试的评估方式得到越来越多关注，

并取得一定的进展，对相关领域的发展也起到重要的推动作用。现有的图灵测试方法仍然存在视觉任务相对宽泛；部分视觉任务缺乏针对性图灵测试设计；缺乏具体的指标对人类能力进行有效量化等问题。因此，从粗放式的视觉图灵测试走向精细化的视觉任务测试也是大势所趋。

以视觉问答为例，视觉问答涉及目标分类、目标定位、关系推理等多项视觉任务，属于对机器视觉语义理解能力的综合考察。因此，很难就机器的某一项具体能力得到可量化的评估结果。后续针对视觉问答的方法研究已经涉及视觉与自然语言处理的结合，这与最初的视觉图灵测试设定出现了偏差。文献[86]提出，VTT 测试只是一个关于视觉的测试，不涉及自然语言处理的过程。因此，有必要对具体的视觉任务进行细化研究。

不同的计算机视觉任务存在明显的差异，设计一种通用的视觉图灵测试方案较为困难。例如，目标跟踪就属于人类视觉中的一项重要能力[99]，基于问答的视觉图灵测试可以对机器的图像内容理解能力进行评估，但并不适合直接评估视觉跟踪任务，因为获取、量化人类的视觉跟踪轨迹较为复杂。这就要求研究者根据不同视觉任务的特点进行相应的设计。一种可能的解决方案是借鉴视觉显著性的研究过程[100]，采用传感设备对人类的视觉跟踪过程进行有效捕捉，并在此基础上进行视觉图灵测试。

在图灵最初的设想中，如果机器让参与者做出超过 30%的误判，那么可以认为这台机器通过了测试。后续的研究基本按照这个指标对机器的能力进行评估。然而，图灵并没有提出如何对人类的能力进行量化。相关研究表明[101]，人类在不同年龄阶段的视觉认知能力存在明显差异，而现有的视觉图灵测试并没有考虑相关因素。另外，零和博弈任务中存在对人类能力的具体量化标准，如埃洛等级分制度。它反映了人类在具体博弈任务上的水平。因此，对于视觉图灵测试，有必要借鉴相关研究，对机器视觉和人类视觉能力的关系进行可量化的评估。

3. 数据由演到用

评测数据集是任务评估评测的重要组成。在早期的视觉研究中，视觉理论和框架尚在探索阶段。此时构建的任务大部分是"toy problem"，数据集均较为简单、规模较小，有着明显的"表演"性质，如 KTH 数据集和 Weizmann 数据集等。这类数据集通常只包含单一场景下的简单动作。尽管对早期的算法研究和评估起到推动作用，但是这类数据与真实的应用场景仍存在明显的差距。

互联网的发展使海量数据的获取、标注成为可能。这也推动了以深度学习为标志的大规模训练和评估。此时的数据集类别和样本数量大幅度增加，数据更加接近真实的复杂场景。随着数据规模的进一步提升，数据出现明显的同质化现象。这并不利于对机器能力的真实评估，即公开数据集上准确率的提升并不意味着机器真正具备解决困难问题的能力。

随着计算机视觉从理论走向应用，研究的问题逐渐从简单任务、复杂任务走向对抗任务。例如，某些场景下的背景环境会给目标识别带来极大干扰，需要识别的目标存在刻意的隐藏和伪装，篡改伪造内容来混淆视听等[102-104]。这些对抗因素会对现有的方法带来极大的挑战，因此有必要设计更加合理的评价体系，对机器在对抗条件下的能力进行更加有效地评估。相比于机器，人类仍然具备一定的优势。人类在对抗视觉任务上的表现可以为机器能力的评估提供重要的参考依据。对抗条件下的视觉图灵测试是计算机视觉算法逼近，甚至超过人类的过程中必然要经历的环节。

总之，计算机视觉的发展推动了人类社会的智能化进程，但是依赖大数据、大算力的发展模式和真实场景的需求仍存在差异。视觉图灵可以为打破现阶段的发展瓶颈提供一种可行的思路，为实现近似或超越人类视觉信息感知能力提供重要的研究基础。

7.4　小　　结

视频分析理论和方法的快速发展离不开视频分析评估评测。本章详细介绍视频分析相关任务涉及的数据集、评测指标、评估方式，为视频分析理论和算法提供验证和测试环境、评估准则。同时，结合人机对抗介绍视觉图灵评估评测及下一步发展方向。

参 考 文 献

[1] 黄凯奇, 陈晓棠, 康运锋, 等. 智能视频监控技术综述. 计算机学报, 2015, 38(6): 1093-1118.

[2] 黄凯奇, 任伟强, 谭铁牛. 图像物体分类与检测算法综述. 计算机学报, 2014, 37(6): 1225-1240.

[3] LeCun Y, Bottou L, Bengio Y, et al. Gradient-based learning applied to document recognition. Proceedings of the IEEE, 1998, 86(11): 2278-2324.

[4] Ferrari V, Jurie F, Schmid C. From images to shape models for object detection. International Journal of Computer Vision, 2010, 87(3): 284-303.

[5] Krizhevsky A. Learning multiple layers of features from tiny images. Toronto: University of Toronto, 2009.

[6] Li F F, Fergus R, Perona P. Learning generative visual models from few training examples: An incremental bayesian approach tested on 101 object categories//2004 Conference on Computer Vision and Pattern Recognition Workshop, 2004: 178.

[7] Griffin G, Holub A D, Perona P. The Caltech 256. Caltech Technical Report. CNS-TR-2007-001.

[8] Xiao J, Hays J, Ehinger K A, et al. Sun database: Large-scale scene recognition from abbey to zoo//

2010 IEEE Computer Society Conference on Computer Vision and Pattern Recognition, 2010: 3485-3492.

[9] Deng J, Dong W, Socher R, et al. Imagenet: A large-scale hierarchical image database//2009 IEEE Conference on Computer Vision and Pattern Recognition, 2009: 248-255.

[10] Lampert C H, Nickisch H, Harmeling S. Learning to detect unseen object classes by between-class attribute transfer//2009 IEEE Conference on Computer Vision and Pattern Recognition, 2009: 951-958.

[11] Welinder P, Branson S, Mita T, et al. Caltech-UCSD Birds 200. California: California Institute of Technology, 2010.

[12] Li D, Chen X, Huang K. Multi-attribute learning for pedestrian attribute recognition in surveillance scenarios//2015 3rd IAPR Asian Conference on Pattern Recognition, 2015: 111-115.

[13] Liu X, Zhao H, Tian M, et al. Hydraplus-net: Attentive deep features for pedestrian analysis// Proceedings of the IEEE International Conference on Computer Vision, 2017: 350-359.

[14] Liu Z, Luo P, Wang X, et al. Deep learning face attributes in the wild//Proceedings of the IEEE International Conference on Computer Vision, 2015: 3730-3738.

[15] Computer Vision Laboratory. Labeled Faces in the Wild. http: //vis-www. cs. umass. edu/ lfw/[2021-9-6] .

[16] Everingham M, van Gool L, Williams C K I, et al. The pascal visual object classes (VOC) challenge. International Journal of Computer Vision, 2010, 88(2): 303-338.

[17] Lin T Y, Maire M, Belongie S, et al. Microsoft COCO: Common objects in context//European Conference on Computer Vision, 2014: 740-755.

[18] Google. Open images dataset V7 and extensions. https: //storage. googleapis. com/openimages/ web/index. html[2022-1-2] .

[19] Microsoft. Image Understanding. https: //www. microsoft. com/en-us/research/project/image-understanding/?from=http%3A%2F%2Fresearch. microsoft. com%2Fen-us%2Fprojects%2Fobje ctclassrecognition%2F[2022-10-2] .

[20] Mottaghi R, Chen X, Liu X, et al. The role of context for object detection and semantic segmentation in the wild//Proceedings of the IEEE Conference on Computer Vision and Pattern Recognition, 2014: 891-898.

[21] University of Cambridge. Motion-based Segmentation and Recognition Dataset. https: //mi. eng. cam. ac. uk/research/projects/VideoRec/CamVid/[2022-10-2] .

[22] Cityscapes-dataset. Cityscapes-dataset. https: //www. cityscapes-dataset. com/[2022-10-2] .

[23] MIT. ADE20K Dataset. https: //groups. csail. mit. edu/vision/datasets/ADE20K/[2022-10-2] .

[24] Wu Y, Lim J, Yang M H. Object tracking benchmark. IEEE Transactions on Pattern Analysis & Machine Intelligence, 2015, 37(9): 1834-1848.

[25] Wu Y, Lim J, Yang M H. Online object tracking: A benchmark//Proceedings of the IEEE Conference on Computer Vision and Pattern Recognition, 2013: 2411-2418.

[26] The VOT challenge. Citing VOT Challenge. http: //www. votchallenge. net[2022-12-12] .

[27] Muller M, Bibi A, Giancola S, et al. Trackingnet: A large-scale dataset and benchmark for object tracking in the wild//Proceedings of the European Conference on Computer Vision, 2018: 300-317.

[28] Huang L, Zhao X, Huang K. Got-10k: A large high-diversity benchmark for generic object tracking in the wild. IEEE Transactions on Pattern Analysis and Machine Intelligence, 2019, 43(5): 1562-1577.

[29] Fan H, Bai H, Lin L, et al. Lasot: A high-quality large-scale single object tracking benchmark. International Journal of Computer Vision, 2021, 129(2): 439-461.

[30] MOTChallenge Team. The Multiple Object Tracking Benchmark. https: //motchallenge. net [2021-2-3].

[31] Ristani E, Solera F, Zou R, et al. Performance measures and a data set for multi-target, multi-camera tracking//European Conference on Computer Vision, 2016: 17-35.

[32] Huang K Q. Multi-Camera Object Tracking (MCT) Challenge. http: //www. mct2014. com/index. html[2021-2-3].

[33] Schuldt C, Laptev I, Caputo B. Recognizing human actions: A local SVM approach//Proceedings of the 17th International Conference on Pattern Recognition, 2004: 32-36.

[34] Gorelick L, Blank M, Shechtman E, et al. Actions as space-time shapes. IEEE Transactions on Pattern Analysis and Machine Intelligence, 2007, 29(12): 2247-2253.

[35] Kuehne H, Jhuang H, Garrote E, et al. HMDB: A large video database for human motion recognition//2011 International Conference on Computer Vision, 2011: 2556-2563.

[36] Soomro K, Zamir A R, Shah M. UCF101: A dataset of 101 human actions classes from videos in the wild. https: //arXiv preprint arXiv: 1212. 0402[2012-3-2].

[37] Karpathy A, Toderici G, Shetty S, et al. Large-scale video classification with convolutional neural networks//Proceedings of the IEEE conference on Computer Vision and Pattern Recognition, 2014: 1725-1732.

[38] Abu-El-Haija S, Kothari N, Lee J, et al. Youtube-8m: A large-scale video classification benchmark. https: //arXiv preprint arXiv: 1609. 08675[2016-8-5].

[39] Caba H F, Escorcia V, Ghanem B, et al. Activitynet: A large-scale video benchmark for human activity understanding//Proceedings of the IEEE conference on Computer Vision and Pattern Recognition, 2015: 961-970.

[40] Kay W, Carreira J, Simonyan K, et al. The kinetics human action video dataset. https: //arXiv preprint arXiv: 1705. 06950[2017-7-5].

[41] Carreira J, Noland E, Banki-Horvath A, et al. A short note about kinetics-600. https: //arXiv preprint arXiv: 1808. 01340[2018-6-3].

[42] Carreira J, Noland E, Hillier C, et al. A short note on the kinetics-700 human action dataset. https: //arXiv preprint arXiv: 1907. 06987[2019-9-3].

[43] Gu C, Sun C, Ross D A, et al. Ava: A video dataset of spatio-temporally localized atomic visual actions//Proceedings of the IEEE Conference on Computer Vision and Pattern Recognition, 2018: 6047-6056.

[44] Li W, Mahadevan V, Vasconcelos N. Anomaly Detection and Localization in Crowded Scenes. IEEE Transactions on Pattern Analysis and Machine Intelligence, 2013, 36(1): 18-32.

[45] Lu C, Shi J, Jia J. Abnormal event detection at 150fps in matlab//Proceedings of the IEEE International Conference on Computer Vision, 2013: 2720-2727.

[46] Adam A, Rivlin E, Shimshoni I, et al. Robust real-time unusual event detection using multiple

fixed-location monitors. IEEE Transactions on Pattern Analysis and Machine Intelligence, 2008, 30(3): 555-560.

[47] Liu W, Luo W, Lian D, et al. Future frame prediction for anomaly detection-a new baseline// Proceedings of the IEEE Conference on Computer Vision and Pattern Recognition, 2018: 6536-6545.

[48] Ferryman J, Shahrokni A. Pets2009: Dataset and challenge//2009 12th IEEE International Workshop on Performance Evaluation of Tracking And Surveillance, 2009: 1-6.

[49] Zhou B, Wang X, Tang X. Understanding collective crowd behaviors: Learning a mixture model of dynamic pedestrian-agents// IEEE Conference on Computer Vision and Pattern Recognition, 2012: 2871-2878.

[50] Zhang Q, Lin W, Chan A B. Cross-view cross-scene multi-view crowd counting//Proceedings of the IEEE/CVF Conference on Computer Vision and Pattern Recognition, 2021: 557-567.

[51] Change L C, Gong S, Xiang T. From semi-supervised to transfer counting of crowds//Proceedings of the IEEE International Conference on Computer Vision, 2013: 2256-2263.

[52] Zhang C, Li H, Wang X, et al. Cross-scene crowd counting via deep convolutional neural networks//Proceedings of the IEEE Conference on Computer Vision and Pattern Recognition, 2015: 833-841.

[53] Zhang C, Kang K, Li H, et al. Data-driven crowd understanding: A baseline for a large-scale crowd dataset. IEEE Transactions on Multimedia, 2016, 18(6): 1048-1061.

[54] Zhou B, Tang X, Wang X. Measuring crowd collectiveness//Proceedings of the IEEE Conference on Computer Vision and Pattern Recognition, 2013: 3049-3056.

[55] Zhao W, Zhang Z, Huang K. Gestalt laws based tracklets analysis for human crowd understanding. Pattern Recognition, 2018, 75: 112-127.

[56] Shao J, Kang K, Change L C, et al. Deeply learned attributes for crowded scene understanding// Proceedings of the IEEE Conference on Computer Vision and Pattern Recognition, 2015: 4657-4666.

[57] Chen D, Dolan W B. Collecting highly parallel data for paraphrase evaluation//Proceedings of the 49th Annual Meeting of the Association for Computational Linguistics: Human Language Technologies, 2011: 190-200.

[58] Xu D, Zhao Z, Xiao J, et al. Video question answering via gradually refined attention over appearance and motion//Proceedings of the 25th ACM International Conference on Multimedia, 2017: 1645-1653.

[59] Ye Y, Zhao Z, Li Y, et al. Video question answering via attribute-augmented attention network learning//Proceedings of the 40th International ACM SIGIR Conference on Research and Development in Information Retrieval, 2017: 829-832.

[60] Xu J, Mei T, Yao T, et al. MSR-VTT: A large video description dataset for bridging video and language//Proceedings of the IEEE Conference on Computer Vision and Pattern Recognition, 2016: 5288-5296.

[61] Tapaswi M, Zhu Y, Stiefelhagen R, et al. Movieqa: Understanding stories in movies through question-answering//Proceedings of the IEEE Conference on Computer Vision and Pattern

Recognition, 2016: 4631-4640.

[62] Krishna R, Hata K, Ren F, et al. Dense-captioning events in videos//Proceedings of the IEEE International Conference on Computer Vision, 2017: 706-715.

[63] Zhou L, Xu C, Corso J J. Towards automatic learning of procedures from web instructional videos// Proceedings of the Thirty-Second AAAI Conference on Artificial Intelligence and Thirtieth Innovative Applications of Artificial Intelligence Conference and Eighth AAAI Symposium on Educational Advances in Artificial Intelligence, 2018: 7590-7598.

[64] Padilla R, Netto S L, Da Silva E A B. A survey on performance metrics for object-detection algorithms//2020 International Conference on Systems, Signals and Image Processing, 2020: 237-242.

[65] Kirillov A, He K, Girshick R, et al. Panoptic segmentation//Proceedings of the IEEE/CVF Conference on Computer Vision and Pattern Recognition, 2019: 9404-9413.

[66] Muller M, Bibi A, Giancola S, et al. Trackingnet: A large-scale dataset and benchmark for object tracking in the wild//Proceedings of the European Conference on Computer Vision, 2018: 300-317.

[67] Bernardin K, Stiefelhagen R. Evaluating multiple object tracking performance: The clear MOT metrics. EURASIP Journal on Image and Video Processing, 2008, 2008: 1-10.

[68] 陈威华. 多摄像机视觉目标跟踪关键问题研究. 北京: 中国科学院自动化研究所, 2017.

[69] Zhu Y, Li X, Liu C, et al. A comprehensive study of deep video action recognition. https: //arXiv preprint arXiv: 2012. 06567[2020-3-7] .

[70] Papineni K, Roukos S, Ward T, et al. BLEU: A method for automatic evaluation of machine translation//Proceedings of the 40th Annual Meeting of the Association for Computational Linguistics, 2002: 311-318.

[71] Lin C Y. Rouge: A package for automatic evaluation of summaries//Text Summarization Branches Out, 2004: 74-81.

[72] Banerjee S, Lavie A. METEOR: An automatic metric for MT evaluation with improved correlation with human judgments//Proceedings of the ACL Workshop on Intrinsic and Extrinsic Evaluation Measures for Machine Translation and/or Summarization, 2005: 65-72.

[73] Vedantam R, Lawrence Z C, Parikh D. Cider: Consensus-based image description evaluation// Proceedings of the IEEE Conference on Computer Vision and Pattern Recognition, 2015: 4566-4575.

[74] Anderson P, Fernando B, Johnson M, et al. Spice: Semantic propositional image caption evaluation//European Conference on Computer Vision, 2016: 382-398.

[75] Malinowski M, Fritz M. A multi-world approach to question answering about real-world scenes based on uncertain input//Proceedings of the 27th International Conference on Neural Information Processing Systems, 2014: 1682-1690.

[76] Yu Z, Xu D, Yu J, et al. Activitynet-QA: A dataset for understanding complex web videos via question answering//Proceedings of the AAAI Conference on Artificial Intelligence, 2019, 33(1): 9127-9134.

[77] Alan M T. Computing machinery and intelligence. Mind, 1950, 59(236): 433-460.

[78] French R M. The Turing test: The first 50 years. Trends in Cognitive Sciences, 2000, 4(3): 115-

122.

[79] Shieber S M. Lessons from a restricted Turing test. Communications of the ACM, 1994, 37(6): 70-78.

[80] 黄凯奇, 兴军亮, 张俊格, 等. 人机对抗智能技术. 中国科学: 信息科学, 2020, 50(4): 540-550.

[81] Silver D, Schrittwieser J, Simonyan K, et al. Mastering the game of go without human knowledge. Nature, 2017, 550(7676): 354-359.

[82] Brown N, Sandholm T. Safe and nested subgame solving for imperfect-information games// Proceedings of the 31st International Conference on Neural Information Processing Systems, 2017: 689-699.

[83] 黄凯奇, 赵鑫, 李乔哲, 等. 视觉图灵: 从人机对抗看计算机视觉下一步发展. 图学学报, 2021, 42(3): 339-348.

[84] Ahn L, Blum M, Hopper N J, et al. CAPTCHA: Using hard AI problems for security// International Conference on the Theory and Applications of Cryptographic Techniques, 2003: 294-311.

[85] von Ahn L, Maurer B, McMillen C, et al. ReCAPTCHA: Human-based character recognition via web security measures. Science, 2008, 321(5895): 1465-1468.

[86] Geman D, Geman S, Hallonquist N, et al. Visual turing test for computer vision systems. Proceedings of the National Academy of Sciences, 2015, 112(12): 3618-3623.

[87] Qi H, Wu T, Lee M W, et al. A restricted visual Turing test for deep scene and event understanding. https://arXiv preprint arXiv: 1512. 01715[2015-6-22] .

[88] Gao H, Mao J, Zhou J, et al. Are you talking to a machine? Dataset and methods for multilingual image question answering//Proceedings of the 28th International Conference on Neural Information Processing Systems, 2015: 2296-2304.

[89] Shan Q, Adams R, Curless B, et al. The visual turing test for scene reconstruction//2013 International Conference on 3D Vision-3DV 2013, 2013: 25-32.

[90] Lake B M, Salakhutdinov R, Tenenbaum J B. Human-level concept learning through probabilistic program induction. Science, 2015, 350(6266): 1332-1338.

[91] Zhang R, Isola P, Efros A A. Colorful image colorization//European Conference on Computer Vision, 2016: 649-666.

[92] Xue A. End-to-end Chinese landscape painting creation using generative adversarial networks// Proceedings of the IEEE/CVF Winter Conference on Applications of Computer Vision, 2021: 3863-3871.

[93] Lake B, Salakhutdinov R, Gross J, et al. One shot learning of simple visual concepts//Proceedings of the Annual Meeting of the Cognitive Science Society, 2011: 33-38.

[94] Geirhos R, Jacobsen J H, Michaelis C, et al. Shortcut learning in deep neural networks. Nature Machine Intelligence, 2020, 2(11): 665-673.

[95] He K, Zhang X, Ren S, et al. Delving deep into rectifiers: Surpassing human-level performance on imagenet classification//Proceedings of the IEEE International Conference on Computer Vision, 2015: 1026-1034.

[96] Goodfellow I J, Shlens J, Szegedy C. Explaining and harnessing adversarial examples. https: //arXiv preprint arXiv: 1412. 6572[2014-9-2] .

[97] Zhou Z, Firestone C. Humans can decipher adversarial images. Nature Communications, 2019, 10(1): 1-9.

[98] Hu B G, Dong W M. A design of human-like robust AI machines in object identification. https: //arXiv preprint arXiv: 2101. 02327[2021-12-23] .

[99] Hyvärinen L, Walthes R, Jacob N, et al. Current understanding of what infants see. Current Ophthalmology Reports, 2014, 2(4): 142-149.

[100] Shoaib A, Syed O G, Moongu J, et al. A benchmark of computational models of saliency to predict human fixations in videos// The 11th Joint Conference on Computer Vision, Imaging and Computer Graphics Theory and Applications, 2016: 1334-1342.

[101] Smith L B, Slone L K. A developmental approach to machine learning. Frontiers in Psychology, 2017: 2124.

[102] Huang K, Wang L, Tan T, et al. A real-time object detecting and tracking system for outdoor night surveillance. Pattern Recognition, 2008, 41(1): 432-444.

[103] Fan D P, Ji G P, Sun G, et al. Camouflaged object detection//Proceedings of the IEEE/CVF Conference on Computer Vision and Pattern Recognition, 2020: 2777-2787.

[104] Agarwal S, Farid H, Fried O, et al. Detecting deep-fake videos from phoneme-viseme mismatches//Proceedings of the IEEE/CVF Conference on Computer Vision and Pattern Recognition Workshops, 2020: 660-661.

第8章 视频分析应用

8.1 视频分析应用领域

计算机技术和互联网行业的迅猛发展为海量视频图像数据的存储和分析奠定了基础。根据统计，图像、视频数据在整个大数据中的比例已经接近 90%[1]。这些涌现的数据不但对个人生活和社会发展产生了深远的影响，而且成为推动科技革命和产业进步的重要动力。以互联网、大数据、人工智能等为代表的现代信息技术日新月异，新一轮科技革命和产业变革蓬勃推进，智能产业快速发展，对经济发展、社会进步、全球治理等方面产生着重大而深远的影响。作为人工智能的重要组成部分，以目标识别和分类、检测和定位、分割、跟踪、视频语义理解等为核心内容的视频处理与分析技术得到持续的研究和关注。《新一代人工智能发展规划》将视频图像分析技术列为社会综合治理、新型犯罪侦查、反恐等迫切需求的关键技术。目前，视频分析技术在公共安全、智能交通、智慧医疗、互联网行业等领域得到广泛的应用，并将迎接更为广阔的发展空间。

8.1.1 安全领域

随着社会的发展，视频监控系统得到越来越多的重视，监控摄像头已经在城市的各个区域普及。《关于加强公共安全视频监控建设联网应用工作的若干意见》指出，公共安全视频监控建设联网应用是新形势下维护国家安全和社会稳定、预防和打击暴力恐怖犯罪的重要手段，对于提升城乡管理水平、创新社会治理体制具有重要意义。平安中国、智慧城市、雪亮工程等国家级工程的实施，不断推进高清视频监控建设和联网深度应用，促进立体化治安防控体系建设，为视频监控的智能化升级筑牢基础。与此同时，海量的监控摄像头产生了大量的视频数据，仅靠人力对摄像头捕获的信息进行观测和分析是不现实的。因此，智能视频监控系统应运而生。通过视频分析技术，计算机可以实时对公共区域中行人、车辆等感兴趣目标的状态进行判断，并做出及时的反应和判断。

在公共安全应用中，视频分析的基本任务是从海量视频数据中对人的身份、行为和轨迹进行分析，从而发现嫌疑人的线索。其主要包括如下几方面。

① 特定人员身份识别。通过人脸、虹膜、步态等生物特征识别技术获取人员的身份信息，实现对黑名单人员的布控；当黑名单人员出现在特定区域时，通过

将视频监控中的人脸与黑名单库中的目标特征进行实时比对，实现自动预警。

② 跨场景身份识别。结合以图搜图、属性检索等技术，对目标人员的跨场景特征进行比对和关联，获取嫌疑人行踪线索。

③ 目标追踪和轨迹回溯。根据目标之间的相似度排序，建立数据之间的时空关联；配合 MOT 技术，实现跨场景、跨摄像头的目标追踪和轨迹回溯。

④ 目标关联挖掘。基于目标的身份识别信息和行动轨迹，可查找嫌疑人同伙，深入挖掘嫌疑人关系图谱。

⑤ 人流量管理。通过人流量计数和人群密度估计技术可以实时监测机场、车站、景区、学校等公共场所的人群流量密度，及时导流、限流，避免核心区域人群过于密集等安全隐患的出现。

8.1.2　交通领域

目前，中国正处于城镇化加速发展的时期，部分地区的"城市病"问题日益严峻。为解决城市发展难题，实现城市可持续发展，智慧交通成为智慧城市建设的关键环节。《"十三五"现代综合交通运输体系发展规划》从优化交通运行和管理控制、提升载运工具智能化水平、健全智能决策支持等多方面对提升交通发展智能化水平做出规划。视频分析技术可以为交通系统提供更为直观的分析手段，已经成为智能交通系统中不可缺少的一项关键技术。在交通环境中，大量的信息来源于视觉，如交通信号、交通标志、道路标线、行人、运动的车辆、交通目标的行为等。因此，用视频分析技术对此类信息进行处理是一种自然的选择。

视频分析技术在智能交通领域有广泛的应用，主要应用表现在以下几个方面。

① 交通监控系统。视频分析技术是交通监控智能化的核心。通过对交通监控摄像机回传的道路交通视频信息进行分析，计算车辆类别、车辆数量、车流量、密度等交通参数，进而对道路交通状况进行判断，自动生成交通控制方案，发出交通控制指令，实现对交通信号的智能控制。

② 自动或辅助驾驶系统。视觉信号是自动或辅助驾驶系统感知外界环境的重要判断依据。通过视频分析技术对车辆周围的多种目标及其关键参数信息、行驶道路状况、道路标志等信息进行自主识别分析，车辆可以对自动驾驶系统发出导航指令，或者帮助驾驶员及时对外界环境和驾驶误操作做出反应，避免事故发生。

③ 智能收费系统。视频分析技术可以实现对交费车辆车型的自动分析和对牌照的自动检测和分割，并对分割出来的车牌照进行识别，避免车辆在交费问题上存在的漏交和少交。

④ 交通违章管理。视频分析技术可以实现对运动车辆的检测和跟踪，通过对运动车辆跟踪信息的分析，可以对车辆的行为进行判断，从而实现对车辆违章行为的检测和记录。电子警察系统是视频分析技术在交通管理的应用之一。

8.1.3　娱乐领域

新一轮的科技革命和产业变革为视频内容的制作和传播带来极大的便利。然而，海量视频数据除了带来丰富的信息，也给视频的编辑、压缩、检索、审核带来巨大的挑战。传统的方式需要大量人工劳动，重复、机械化作业过程较多。视频分析技术的发展可以有效降低人工的成本，从多方面改变视频内容的制作和传播方式。

① 内容制作。通过视频内容理解等技术，可以实现对视频内容的智能化编辑和再加工，从而极大提升短视频的制作效率，如新华社发布的 MAGIC 短视频智能生产平台[2]、IBM 公司的 AI Vision[3]等，可以在短时间内完成视频素材内容的识别和剪辑工作，并自动生成新闻短视频，保证视频内容的高效传播。

② 内容审核。快速增长的海量视频内容给互联网的内容审核带来巨大的挑战。通过文本检测识别、图像分类、视频内容理解技术，可以帮助互联网公司对海量视频数据进行内容审核和过滤，从而大大减轻人工审核的负担。

③ 内容检索和推荐。通过对视频中的语音、文字、内容的识别分析，可以实现对视频内容的有效描述，进而为内容检索和个性化推荐提供更加精准的参考依据。

④ 电影特效。视频分析技术与电影特效也密切相关。例如，Digital Domain 和 Weta 等特效公司使用机器学习算法实现面部捕捉，让动画人物的表情呈现更加细腻和逼真的效果。此外，在动画特效制作的过程中，也有电影制作者借助基于深度学习的风格迁移算法实现电影帧的风格迁移。

⑤ 计算摄影。视频分析算法可以对原始拍摄的视频和图像进行优化处理，提升拍摄的质量。例如，在美颜自拍功能中就涉及人脸识别、人脸关键点定位、视觉渲染等相关算法。此外，当出现亮度偏暗、过曝、噪声过大等不理想情况时，也可以利用目标分割、图像融合、图像增强等技术对拍摄的图像视频质量进一步优化。

8.1.4　生活领域

视频处理与分析技术也给人类的生活方式带来了诸多改变。

① 医学影像分析。医学影像技术是视频分析研究关注的一个热点。作为疾病诊断的基础步骤，医学影像分析在临床中有大量应用，可以辅助医生识别病灶、了解病情。通过视频分析技术，可以对医学影像中的病灶或部位等进行像素级目标分割、特征提取和比对，为影像科医生阅片提供参考，提高诊断效率。

② 智能家居。随着智能设备的普及和市场化发展，智能家居已经悄然改变千家万户的生活。借助目标检测和行为分析技术，家庭监控系统可以对入侵、盗窃、

火灾等情况进行安全防范，在保障家庭的生命财产安全中发挥重要的作用。借助环境感知、自主学习、人机协作等关键技术，智能服务机器人可以实现清洁、老年陪护、康复、助残、儿童教育等多项功能。未来，随着智能家居与视觉模组的深入结合，在家庭娱乐、便捷生活方面会有更多的延伸应用。

③ 智能零售。视频分析技术在智能零售中也发挥着重要作用。通过人脸识别、属性分析、目标跟踪等技术可以实现对消费者的身份验证和轨迹提取，结合用户画像，可以进行个性化推荐和精准营销。通过对消费者行为及商品信息的识别，可对门店经营情况、消费者购物行为进行数据量化，为智能化运营提供基础。

8.1.5　其他领域

除了与衣食住行息息相关的领域，视频分析技术还在智慧农业、智能仓储、无人系统和航天探索等领域发挥着重要作用。

① 智慧农业。在农业耕种收割的各个环节，通过视频分析技术与智能机器人的结合，可以减少重复枯燥的人力劳作，提高农业生产效率。相关技术在精细化养殖和无人机植保等各个领域已有大量应用。例如，利用农业机器人可以监测大面积农作物的生长状况、识别田间杂草、判断灌溉和除草的地点等，并给出农田营养建议。针对提高养猪效率研发的"猪脸识别"技术，通过识别视频中猪的面部特征和外形特征实现对猪的身份识别。养殖人员通过猪脸识别系统对成千上万的猪进行扫描建档，并搭配饲喂机器人、巡检机器人等对每只猪进行精准的智能化养殖。

② 智能仓储。智能物流机器人通过视觉感知能力，实现智能分拣、智能搬运、智能仓储等功能，在汽车、电子、家电等工业领域已取得广泛的应用。在智能化分拣系统中，利用图像识别和光学字符识别技术可以对产品信息进行识别，并将分类后的产品运送到对应的分拣口，从而提升自动分拣环节的准确率。

③ 无人系统。无人系统和平台在应急救灾、国土资源监察、航空测绘、大范围巡查等任务中发挥着越来越重要的作用。这些任务与视频分析技术密切相关。在无人机遥感监测中，通过搭载的数码相机或摄像机等数字遥感设备获取高分辨率的遥感影像，借助目标检测、变化检测、目标分割等技术，可以实现对洪涝区域、建筑损毁、地质灾害等情况的准确分析。

④ 航天探索。美国国家航空航天局(National Aeronautics and Space Administration，NASA)使用深度学习技术，解决行星探测器的导航问题。机器漫游车登陆月球或火星后，拍摄周围景观的全景照片，并将地面图像与从轨道航天器上方拍摄的卫星地图进行比较。火星探测器首次着陆后，通过人工观察地形特征来确定着陆位置可能需要24小时，借助深度学习算法实现图像匹配，可以将定位过程缩短到几秒钟。

8.2　面向安全的智能视频分析应用

为便于读者更好地理解视频分析应用系统，本节以公共安全应用为例，从应用背景、应用系统、应用关键技术和应用实例介绍面向安全的视频分析系统——智能视频监控。具体地讲，智能视频监控技术就是为了让计算机像人的大脑，让摄像头像人的眼睛，由计算机智能地分析从摄像头中获取的图像序列，对被监控场景中的内容进行理解，实现对异常行为的自动预警和报警。20 世纪末以来，随着计算机视觉的发展，以及人们对安全问题的日益重视，智能视频监控技术得到广泛的关注和研究。智能视频监控包括在底层对动态场景中的感兴趣目标进行检测、分类、跟踪、识别，以及在高层对感兴趣目标的行为进行识别、分析和理解。智能视频监控技术可以广泛应用于公共安全监控、工业现场监控、居民小区监控、交通状态监控等监控场景中，实现犯罪预防、交通管制、意外防范和检测、老幼病残监护等功能，能够显著提高监控效率，降低监控成本，具有广泛的研究意义和应用前景。

8.2.1　应用背景

监控系统是安全防范系统中的重要组成部分，也是应用最多的系统之一。监控系统的目标是希望短时间从被监控的地方获取尽可能多的信息反馈，早期的监控完全依靠人力来获取和处理信息；也有利用其他生物本身特有的感知器官进行监控，如庭院的守门之犬，通过灵敏的听觉与嗅觉及时为主人提供异常信息。此外，通过制造工艺也发展了一些相关的设备，例如，乔家大院的"万人球"(一种在清朝末年由水银玻璃制成的球面镜)，房内的人通过它可以看到房间内外其他人的一举一动，镜中可容纳多人影像。这个设备被看成中国历史上最早利用外部设备进行探测的监控系统。直到 20 世纪 70 年代才真正发展出的视频监控，开始利用摄像头获取信息。与依靠人来处理决策不同，智能视频监控的发展开始尝试利用机器智能辅助人类进行信息处理。下面对视频监控系统的发展进行简单介绍。

随着信息技术的进步和市场需求的逐步提高，视频监控系统的发展可以粗略地分为 3 个阶段。

(1) 第一代(模拟视频监控系统)

随着光学成像技术和电子技术的发展，监控摄像机的制造和使用成为可能。为了满足利用电子设备代替人或者其他生物进行监控的需求，20 世纪 70 年代，世界迎来电子监控系统。这个时期以闭路电视监控系统(closed circuit television,

CCTV)为主，也就是第一代模拟视频监控系统[4]。它一般利用同轴电缆传输前端模拟摄像机的视频信号，由模拟监视器显示，并由磁带录像机进行存储。这一代技术的价格较为低廉，安装比较简单，适合小规模的安全防范系统。

(2) 第二代(数字视频监控系统)

由于磁带录像机的存储容量太小、线缆式传输限制监控范围等，随着数字编码技术和芯片技术的进步，20世纪90年代中期，数字视频监控系统随之而来。初期采用模拟摄像机和数字录像设备(digital video recorder，DVR)，这个阶段被称为半数字时代。后期发展为利用网络摄像机和数字视频服务器(digital video sever，DVS)，成为真正的全数字化视频监控系统。DVR的大量应用使监控系统可以容纳更多的摄像机，存储更多的数据，从而使摄像机的数量得到海量地提升。嵌入式和网络通信技术的发展使图像编码处理单元由后台走向前端，视频图像在摄像机端编码后经网络传到100路、1000路，甚至城市级规模的安全防范系统，但是监控规模扩大的同时也带来对视频内容理解的需求，可以说，数字化技术的发展是智能化技术发展的前提和基础。

(3) 第三代(智能视频监控系统)

随着第二代(数字视频监控技术)的进步，大规模布控已经实际部署。同时，随着全球安全形势的日益严峻，世界范围内对视频监控系统的需求空前高涨，各国部署的摄像头越来越密集。据报道，2006年，英国有450万个由闭路电视控制的摄像头，每个英国人平均每天会被拍到300次。2008年，美国安装的摄像机已经超过2000万台。2010年，中国有超过1000万个监控摄像头用于城市监控与报警系统[5]。

摄像头的增加带来了大规模防范的可能，即可以获取海量的视频数据用于实时报警和事后查询。但是，对以人为主的使用对象而言，大规模视频数据也带来巨大的挑战。美国圣地亚国家实验室专门做了一项研究，结果表明，人在盯着视频画面仅22min之后，人眼会对视频画面中95%以上的活动信息视而不见[6]。

基于以上需求，智能视频监控系统应运而生，其中最核心的部分是基于计算机视觉的视频内容理解技术。通过对原始视频图像进行背景建模、目标检测与识别、目标跟踪等一系列算法处理，分析其中的目标行为，以及事件，从而回答人们感兴趣的"是谁、在哪、干什么"的问题[7]。然后，按照预先设定的安全规则，及时发出报警信号。智能视频监控系统有别于传统视频监控系统最大的优势是，能自动地全天候进行实时分析报警，改变以往完全由安保人员对监控画面进行监视和分析的模式。同时，智能技术将一般监控系统的事后分析变成事中分析和预警，不仅能识别可疑活动，还能在安全威胁发生之前提示安保人员关注相关监控画面并提前做好准备，从而提高反应速度，减轻人的负担，达到用电脑来辅助人脑的目的。这一技术得到学界和产业界的认可，美国电气与电子工程师学会在其成立 125 周年的大会上，突出展示了 7 项被认为很可能改变世界的技术，其中就包括智能视频监控技术的核心——图像和视频的内容分析技术[8]。国际知名视频监控市场网站 IPVM 在 2012 年针对高级会员做了一项投票，选出监控行业未来最具影响力的技术，得票最高的便是智能化背景下的视频分析技术，其次是由海量高清监控摄像机带来的大规模视频数据存储技术。

8.2.2　应用系统

目前，视频监控系统主要由前端设备、传输设备、终端设备组成。下面对各部分进行简要介绍。

1. 前端设备

前端设备主要是安装于监控现场及其附近的各种设备。它们的主要任务是对监控区域进行摄像并将其转换成电信号。这部分主要涉及的设备以摄像机为主，也包括一些辅助设备，如镜头、防护罩、支架、电动云台等。其中，最主要的设备摄像机由两大部分组成，即图像传感器模块和数字信号处理模块。电荷耦合器件(charge-coupled device，CCD)和互补金属氧化物半导体(complementary metal oxide semiconductor，CMOS)是当前普遍采用的两种图像传感器。它们都是将图像转换为数字数据信号，主要的差异是数字数据传送方式不同。CCD 是感应光线的电路装置，当光线经镜头透射到 CCD 表面时，CCD 将产生电流，把感应到的光信号转换成电信号，以数码的方式储存起来。CCD 上感光组件以矩阵的方式排列，CCD 像素越大，其感光组件越多，记录的图像就会越清晰。CMOS 与 CCD 一样，在数码相机中记录光线的变化。CMOS 是主要利用硅和锗制成的半导体，光信号产生的电流即可被处理芯片记录和存储。相对而言，CCD 的优势在于灵敏度高、分辨率优、噪声低；CMOS 的优点在于成本低、功耗小。

2. 传输设备

传输设备是指将前端信息采集设备产生的图像视频信号、音频信号、各种报警信号送至控制中心，以及把控制中心的控制指令发送到前端采集设备的通信线路。目前，传输方式主要有电缆传输、射频和微波传输、光纤传输、网络传输。在这四种方式中，电缆传输是实现 1 公里内，并保证电磁环境复杂场合下有效传输的方式之一。它将监控图像信号通过平衡对称的方式进行传输，优点在于布线简易、成本低廉、抗共模干扰性能强，缺点是只能解决 1 公里以内的监控图像传输，而且一根双绞线只能传输一路图像，不适合应用在大中型监控中。其次，双绞线质地脆弱、抗老化能力差，不适合野外传输，并且高频分量在双绞线传输过程中的衰减较大，图像颜色会受到很大损失。光纤传输是解决几十甚至几百公里电视监控传输的最佳方式。它将视频及控制信号转换为光信号，并在光纤中进行传输。常见的光线传输方式有模拟光端机、数字光端机等。这种传输方式的优点在于传输距离远、衰减小，抗干扰性能好，适合远距离传输；缺点在对于几公里内监控信号传输不够经济、光熔接及维护需专业技术人员、维护技术要求高、不易升级扩容。网络传输是解决城域间远距离、点位分散的监控传输方式，一般采用 MPEG(Motion Picture Experts Group)音视频压缩格式传输监控信号。网络传输的优点在于采用网络视频服务器作为监控信号上传设备，在网络环境中，只要安装远程监控软件就可以实现监控；缺点在于受网络带宽和速度的限制，只能传输小画幅、低画质的图像，并且每秒只能传输几到十几帧图像，动画效果十分明显且有延时，无法做到实时监控。微波传输是解决几公里，甚至几十公里不易布线场所监控传输的方式之一。这种方式采用调频调制或调幅调制的方法，将图像搭载到高频载波上，以高频电磁波的形式在空中传输。它的优点在于可省去布线及线缆维护费用，可动态实时地传输广播级图像。由于采用微波传输，常用频段有 L 波段(1.0～2.0GHz)、S 波段(2.0～3.0GHz)、Ku 波段(10～12GHz)，因此开放的传输环境很容易受外界电磁干扰；微波信号为直线传输，中间不能有山体、建筑物遮挡；Ku 波段受天气影响较为严重，尤其是雨雪天气会造成严重雨衰。

3. 终端设备

终端设备位于控制中心，主要任务是将前端设备传输到监控中心的各种信号进行处理；对前端设备进行遥控；对终端视频处理设备，以及存储控制设备进行控制等。终端设备主要由记录控制模块和显示模块组成。记录控制模块的核心部件是数字硬盘录像机，可以集合录像、画面分割、云台镜头控制、报警控制和网络传输等功能。显示模块是监控中心的设备和装置，一般由多台监视器或带视频输入的普通电视机组成。它的主要任务是将前端设备传送过来的各种信息进行处理，并实时显示。显示设备也可采用"矩阵＋监视器"的方式组建电视墙。一个监视器显示多个图像，可切割显示或循环显示。

8.2.3　应用关键技术

智能视频监控研究的主要内容是如何从原始的视频数据中提取符合人类认知的语义理解，即希望计算机能和人一样自动分析理解视频数据。例如，判断场景中有哪些感兴趣目标、目标的历史运动轨迹、目标的行为，以及目标之间的关系等。一般而言，智能视频监控研究中对视频图像的处理可以分为 3 个层次。图 8.1所示为智能视频监控算法流程。

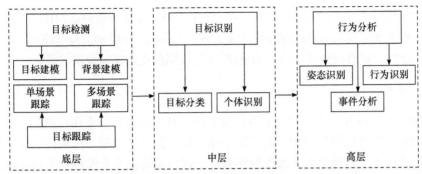

图 8.1 智能视频监控算法流程

① 底层主要从视频图像采集终端获取图像序列,对感兴趣目标进行检测和跟踪,以便对目标进行后续处理分析,解决目标在哪里的问题。智能监控中的目标检测通常包括目标建模和背景建模。目标跟踪是为了获得运动目标的活动时间、位置、运动方向、运动速度、大小、表观(颜色、形状、纹理)等信息,可分为单场景目标跟踪和跨场景目标跟踪。

② 中层在底层的基础上提取运动目标的各种信息,并进行相关判断,涉及的相关技术主要是目标识别。目标识别是为了对目标进行分类,进而识别目标的身份,可分为目标分类和个体识别。中层的分析为底层处理到高层行为理解搭建了一座桥梁,可以填补底层与高层之间的语义间隔,解决目标是什么的问题。

③ 高层主要对目标的行为进行分析和理解。行为分析可分为姿态识别、行为识别和事件分析,解决目标在干什么的问题。高层的语义蕴含着特定的语义场景,往往和具体的应用紧密相关。

总而言之,智能视频监控研究的主要目的是要让计算机回答感兴趣目标在哪里、是什么、在干什么,甚至预测感兴趣目标下一步的行为。

8.2.4 应用示例

随着多年的研究和发展,智能监控系统涉及的功能变得日益复杂和成熟,覆盖的领域也变得越来越广泛。目前,智能视频监控系统已经在轨道交通、场馆监控、公共交通等领域得到越来越多的应用。智能监控技术的应用大致可以分为四个阶段。

1. 第一阶段

2004~2007 年,智能视频监控技术处于起步阶段。这一阶段的智能视频监控技术可以实现的主要功能为入侵检测,行业主要集中在轨道交通等领域,典型应用案例包括青藏铁路、北京地铁 13 号线等。在青藏铁路格尔木路段,智能监控系统可以实现禁区检测、绊线检测等功能,对无人区铁路线路的闯入(人、动物、落石等)、无人值守机房的闯入做实时的判断。在北京地铁 13 号线电缆防盗割技防工程中，智能监控系统实现对城铁线路设施的全天候、无盲区、实时的监控和防护，可对运行突发事件提供有效监控手段，为地铁 13 号线路的正常运营提供保障。

2. 第二阶段

2008～2010 年，这一阶段的智能视频监控技术已被各行业用户熟知，各个厂家也相继开发出视频分析相关的多种功能，如人群密度检测、徘徊检测等，典型应用案例如北京奥运会人流密度检测系统。该系统可以全天候地对入口区域、人流通道、公交车站、活动区等重要区域的人流状况进行实时密度分析，并通过周边区域的人流状况，预测重点区域人流密度在将来一段时间的情况，一旦超过危险密度值便提供报警信息。在公共交通领域，智能视频监控技术可以实现出入口车辆统计分析、场站出入口区域限行、单向通行识别、发车站台人流分析、场区停车场、加油站等敏感区域限制等功能。在北京市部分路段的智能交通违章监摄管理系统中，智能监控技术可以实现高清抓拍，直行道和混行道闯红灯违章检测，禁左、禁右、禁逆行检测，不按规定车道行驶违章检测等功能。

3. 第三阶段

2011～2014 年，智能视频分析技术持续发展，应用需求也相继出现新的变化。例如，视频结构化技术，利用目标检测跟踪、行人属性识别、车辆属性识别等技术，将非结构化的海量视频数据中的人车结构化语义信息提取出来，为后续检索和分析等任务提供支撑，主要应用在智慧城市、智慧交通中；主动型接力跟踪技术，对关注目标的跨场景轨迹进行主动跟踪，典型应用案例如智能视频监控及接力跟踪系统等；违规穿戴和违章异常识别技术，通过对生产施工现场工人的工作服、安全帽、工鞋穿戴情况进行检测，以及对吸烟、打手机等违规行为进行检测，提高建筑工地、石油化工等场景的安全生产管理水平。

4. 第四阶段

2015 年至今，大数据时代下的智能视频分析技术。如果把摄像机看作人的眼睛，则智能视频系统或设备可以看作人的大脑。海量的摄像头构成视联网，进而产生大量视频数据，这标志着视频监控进入大数据时代。海量的视频监控数据给智能视频监控技术及系统应用带来巨大的挑战。这些挑战具有以下特点。

① 监控节点泛在分布。目前，全球摄像头的数量急剧增加，监控相关摄像头已经不仅仅局限于常规固定摄像头，还包括移动摄像头，如移动电脑、手机等。手机等手持设备数量已达数十亿级，并且互联网主机数量也突破十亿级。这些监控节点在全球范围内几乎可以任意分布、快速组网，给管理与分析带来极大挑战，

如何使这些设备能够自组织成一个完整的体系是将来需要解决的难题。

②　监控数据海量混杂。随着监控节点不断地增加，监控数据的类型也变得越来越多样。监控数据的类型已经不仅仅局限在监控摄像头，图像、语言、文本等信息都来夹杂其中，这些数据作为监控的载体，都起到重要的作用。如何在各种载体中获取有用的信息，将大数据变成小数据是急需解决的问题。

③　监控对象种类繁多。监控范围的扩大使监控对象的种类不断扩大，监控的对象从传统的像素级到目标级，直至事件级。从不同监控场景下分析各种目标的行为、目标之间内在联系，以及群体目标之间的事件级演变是监控面临的一大难题。

④　监控态势动态演变。对于指挥部门来说，发生突发事件之后，如何组织力量快速响应是最为重要的事情。这就需要一套完备的对于态势预判的技术，它能够自动预测监控目标，即将选择的行进路径，从而做出动态响应。目前，该技术还不成熟，需要目标识别与跟踪等多项技术的突破。

为了应对以上挑战，欧美各国相继实施城市级大范围视觉场景感知研究项目，开展大尺度群体行为、人流密度等感知技术研究，研发远距离移动目标的虹膜和人脸识别等系统。在这样的现实需求和技术研究背景下，有研究者提出面向安全的大范围场景透彻感知平台。其中，透彻感知的内涵是将非结构化视觉大数据解析为个体-群体-场景多层次语义化知识，从而实现视觉信息的深度理解与挖掘。平台以视频大数据作为基础，从立体化防控需求出发，研发从底层透明数据规范到中层透明计算理解，再到高层透明态势预测的个体-群体-场景交互式协同感知透明空间验证系统，在数据立体化可视、信息多层次检索与态势主动化预测三方面呈现示范应用。大规模透彻感知示例如图 8.2 所示。

图 8.2　大规模透彻感知示例

8.3　小　　结

　　视频分析技术对现代社会的发展变革产生了深远的影响。本章简要介绍了视频分析系统和技术在安全、交通、文化娱乐和生活等领域中的应用，并以面向安全的视频智能分析为例，对视频监控系统的应用背景、系统架构、应用关键技术和应用示例进行了详细介绍。

参 考 文 献

[1] 彭科峰. 高文: 多媒体大数据时代须解决四大问题. http: //scitech.people.com.cn/n/2013/ 0822/c1057-22654976. html[2013-8-23] .

[2] 张超群. 短视频生产进入智能时代!新华社推首个 MAGIC 短视频智能生产平台 http: //www. xinhuanet. com/politics/2018-12/27/c_1123915805. htm?baike[2018-12-27] .

[3] IBM Research Editorial Staff. IBM research and Tencent delight basketball fans with AI-based highlight reel. https: //www. ibm. com/blogs/research/2018/06/ai-highlight-reel/[2018-6-23] .

[4] Lyon D. Surveillance Studies: An Overview. Malden: Polity Press, 2007.

[5] 中金企业(北京)国际信息咨询有限公司. 2013 年-2018 年中国智能视频监控产业发展前景及供需格局预测报告. 北京: 国统调查报告网, 2013.

[6] Haritaoglu I, Harwood D, Davis L S. W⁴S: A real-time system for detecting and tracking people in 2 1/2D//European Conference on Computer vision, 1998: 877-892.

[7] Zhu Q S, Song Z, Xie Y Q. An efficient r-KDE model for the segmentation of dynamic scenes// Proceedings of the 21st International Conference on Pattern Recognition, 2012: 198-201.

[8] MOTChallenge Team. The Multiple Object Tracking Benchmark. https: //motchallenge. net[2021-2-3] .